청소년과 이공계 입문자를 위한

알고 보면 재미나는 전기자기학

청소년과 이공계 입문자를 위한

알고 보면 재미나는 전기자기학

–
초판 1쇄 1993년 12월 30일
개정 1쇄 2023년 06월 20일

–
지 은 이 박승범·이창효
발 행 인 손영일
디 자 인 장윤진

–
펴 낸 곳 전파과학사
출판등록 1956. 7. 23 제 10-89호
주   소 서울시 서대문구 증가로18, 204호
전   화 02-333-8877(8855)
팩   스 02-334-8092
이 메 일 chonpa2@hanmail.net
공식 블로그 http://blog.naver.com/siencia

ISBN 978-89-7044-607-3(03420)

청소년과 이공계 입문자를 위한

알고 보면
재미나는
전기자기학

박승범·이창효 지음

electromagnetics

전파과학사

이 책을 읽고자 하는 분들에게

이 책을 쓰게 된 동기는 크게 두 가지로 말할 수 있다. 그 첫 번째는 고등학교에서나 대학 강의실에서 학생들에게 물리를 강의하며 물리학을 배우는 것과 가르치는 것이 그리 쉽지 않다는 것을 느꼈다. 다시 말해서 고등학교의 경우 입시 문제 위주가 아닌 교과서 내용을 보충할 수 있는 강의실 밖의 살아 숨 쉬는 책이 너무나도 없다는 것이다. 학생들 스스로도 입시 교육에 밀려 입시 위주의 지식만을 고집하게 되고, 일선 선생님들 역시 현실을 외면하기가 어렵다는 것을 알았다. 이러한 기초 교육 현실에서 이공계 대학으로 바로 진학한들 전공을 위한 기본 수학 능력이 극히 일부 학생들을 제외하고는 전혀 준비가 되어 있지 않다. 따라서 이 책은 고등학교에서 기초 물리학을 배운 학생들을 위하여 교양 과학으로서 또는 대학 전공 기초로서 알아두면 도움이 될 만한 책이 있었으면 좋겠다는 생각에서 시작했다.

두 번째는 고등학생이건 대학생이건 물리라고 하면 상당히 어려운(솔직히 지겨운) 학문으로 인식하고 있다는 것이다. 생각하기에 따라서는 흥미로운 학문인데, 왜 배우는 학생들에게 지겹고 가장 하기 싫은 학문으로 전

락했을까? 이것은 분명 배우는 학생들에게만 문제가 있다고 생각하면 안
된다. 그러므로 이에 대한 문제 제기와 함께 해결 방안을 제시하기 위해
서였다. 현재 시중에 나와 있는 대부분의 전공 부류 서적들은 내용보다는
글 자체가 너무 어렵게 씌어져 있다. 심지어 어떤 번역서들은 무리한 번역
으로 그 내용까지 바꿔 놓은 것도 있다. 이러한 것이 결국은 물리를 배우
고자 하는 사람들에게 잘못 인식하게 하는 요인이 아니었나 생각한다.

먼저 이 책은 전기와 자기에 관련된 역사와 전자기학의 내용을 법칙
중심으로 간단명료하게 해설했다. 현재 대학이나 고등학교에서 교재로
쓰고 있는 전자기학 내용은 대부분 강의에 알맞게 구성되어 있어서 순수
과학의 탄생 배경보다는 학문적 내용을 다루기만 했다. 이것은 어찌 보면
당연한 것일지도 모른다. 그러므로 필자가 생각하기에 이 책은 물리학을
비롯해서 전기, 자기에 관심이 많은 고등학생이라면 한 번쯤은 읽어야 한
다고 생각한다. 전공에 관련된 대학생에게는 전공 기초로 또는 교양 과학
으로서 충분한 가치를 가지고 있다고 자부한다.

박승범·이창효

목차

몸글 첫째 마당
: 전기—자기의 발달사

전기, 자기학은 다른 과학 분야의 학문과는 달리 18세기에 이르러 학문으로 자리 잡기 시작하여 산업 혁명과 더불어 본격적으로 연구되었다. 19세기의 급격한 전자기학의 발달은 현재 우리들의 생활과 밀접한 관계가 있으며, 이제 현대 문명 사회를 이끌어 가고 있는 첨단 과학의 중요한 부분을 차지하며 더욱 발전해 가고 있다.

○ 17세기 이전의 유럽 사회

17세기 이전의 유럽 사회는 종교를 중심으로 사회 체제가 구성되어 있었다. 14세기 무렵부터 교회 중심의 세계관이 무너지면서 중세 봉건 사회도 점차 해체되기 시작했다. 중세의 문화와 봉건 사회 구조의 점진적인 해체는 동시에 새로운 문화를 만들면서 이루어지는데, 근대 세계와 근대 문화의 형성을 이끌었다. 이 근대 세계의 형성은 문화 면에서 르네상스가 시작되고, 종교와 정치면에서는 16세기 독일에서 마르틴 루터에 의해 시작된 종교 개혁이 진행되었으며, 점차 시민 계급의 발달로 봉건 귀족의 정치적 영향력이 축소되어 가고 있었다. 이러한 중세의 사회 변화는 유럽 각국의 세계 진출과 더불어 과학 혁명 등으로 구체화되었다.

근대 문화의 형성을 구분 짓는 문화 운동, 다시 말해서 르네상스는 유럽의 지리적 요충지로, 이미 13세기부터 봉건 제도가 쇠퇴하기 시작한 이탈리아에서 발달하기 시작하여 점차 북유럽으로 전파되었다. 이 르네상스 운동의 가장 두드러진 특징은 중세의 신(절대자=하나님) 중심 세계관을 인간 중심의 세계관으로 바꿔 놓은 것이다. 또한 역사적으로 볼 때 르네상스는 근대 문화의 시작을 알리는 신호가 되었다.

천여 년 동안 사회를 지배해 왔던 봉건 사회 체제와 가톨릭교회의 타락으로부터 반발하여 일어난 종교 개혁은 가톨릭의 절대 권위를 정면으로 부정한 것이었다. 16세기 초 독일의 루터로부터 시작된 종교 개혁 운동은 성경 내용에 충실하고 순수한 신앙을 확립하려는 젊은 성직자들에게 점차 확산되어 빠르게 전 유럽으로 퍼져 나갔으며, 신·구교(개신교와 가

톡릭교) 사이의 갈등을 증폭시켰다. 개신교의 급속한 확산은 새로운 정치적 운동과 결부되어 신진 세력과 보수 세력 사이에 권력 투쟁의 요인이 되었으며, 많은 사람이 종교 자체 문제 또는 정치적인 문제로 희생되었다.

15세기 말부터 16세기에 이르기까지 이어진 유럽 각국의 세계 진출 움직임은 신대륙의 발견과 더불어 사회 경제, 문화의 변화를 가속시켰다. '지리상의 발견'이라고도 부르는 신대륙으로의 세계 진출 움직임은 조금씩 축적되기 시작한 과학 기술을 수단으로 삼아 해외로 진출하려는 근대 유럽 국가들의 의지가 반영되어 이루어진 성과였다. 이러한 결과로 아메리카 대륙과 아시아에까지 유럽인들이 진출하게 되었다.

유럽을 주도적으로 이끌었던 나라들도 변화를 가져왔다. '지리상의 발견'을 맨 처음 이끌어 왔던 포르투갈, 에스파니아로부터 점차 네덜란드, 프랑스, 영국으로 옮겨가게 되었다. 유럽주도국의 변화에도 불구하고 유럽의 각 나라들은 공통적으로 해결해야 할 내부 문제들이 심각하여 외견상 커다란 분쟁은 발생하지 않았다. 이 나라들은 대내적으로 개신교와 가톨릭교의 종교 분쟁, 왕위를 둘러싼 정권 획득 싸움, 빠르게 성장하는 시민 계급의 도전을 무마시켜야 했으며, 대외적으로 시장, 원료 확보, 국가 위신이 걸려 있는 해외 식민지 쟁탈전에서의 승리 등 '지리상의 발견' 이후 유럽 각 나라는 복잡하고 곤란한 문제들을 많이 갖고 있었다. 15세기 이후 유럽 각국의 급격한 사회 변화, 즉 신세계 건설의 기틀은 독일에서부터 발달한 인쇄 기술과 나침반의 발달에 따른 먼 거리 항해가 가능해져 인간의 교류가 보다 폭넓어졌기 때문이었다. 구텐베르크(Guthenberg,

1397?~1468)가 인쇄기를 발명함으로써 책을 만드는 기술과 더불어 사상, 지식 등을 특권 계급의 전유물에서 일반인들에게 개방하는 계기가 되었다. 또한 14세기 초부터 이탈리아에서 도입한 나침반의 항해술 이용은 보다 멀리 바다를 다닐 수 있게 했으며, 다른 지역의 문화와 과학 기술 등을 과감히 도입하는 계기가 되었다.

○ 17세기 이전의 전자기

전기(electricity)라는 말은 그리스어의 호박(amber-$\tau\lambda\varepsilon\chi\tau\rho o\nu$: electron)에서 유래되었다. B.C. 600여 년 전 그리스 시대 사람들은 호박을 마찰시키면, 호박에 가벼운 물체들이 달라붙는 것을 자주 볼 수 있었다. 그러나 이 시대 사람들은 왜 호박에 가벼운 물체들이 달라붙는가에 대해 생각해 보고, 체계적으로 현상을 관찰한 다음 이런 현상을 본질적으로 연구한다는 것은 상상조차 할 수 없었을 것이다. 더 나아가 번개와 벼락(낙뢰)에 의해 종종 불이 나는 원인이 전기 때문이라는 것을 감히 생각할 수도 없었으며, 단지 신의 노여움으로만 생각했다.

그러나 한편으로는 고대 그리스 시대나 로마 시대에도 전기 현상에 대해 어느 정도 잘 알고 있었다. 주로 전기물고기를 통해서 전기의 작용을 경험했는데 앞에서도 언급했듯이, 이때는 아직 과학으로서의 전기 현상을 이해하고자 한 것은 아니다. 이 시대에 이 전기물고기는 전기 현상 그 자체보다는 전기 현상을 통해 인간의 병을 치유할 수 있는 신비한 물고기로 잘 알려져 왔다. 이때의 전기물고기는 현재에는 찾아볼 수 없는 마롭터루루스 일렉트리쿠스(Malopterurus electricus)와 토페도 마모라타(Torpedo mamorata)라는 전기물고기다. 마롭터루루스 전기물고기는 나일강과 아프리카의 강에서 고대인들에게 흔히 잡혔다.

〈그림 1〉은 약 B.C. 2750년 전에 새겨진 것으로 추정되는데, 이집트 사카라에 있는 티(Ti)의 무덤에 있는 것이다. 이 마롭터루루스 물고기는 약 100볼트 정도의 순간 전기를 냈던 것으로 추정된다. 토페도 전기물고기는 그리스와 로마 사람들에게 잘 알려진 물고기로 남부 유럽과 북부 아프리카 사이에 있는 큰 바다 주변에 살고 있던 원주민들에게 자주 발견되었다. 그러나 불행하게도 오늘날 이들 물고기에 관한 문헌 자료는 없다.

그림 1 | 사카라에 있는 티 무덤 출전.
그림에서 뱃머리를 가로질러 가는 고기가 마롭터루루스 전기물고기다
[의학사 보고서 켈라웨이(Kellaway) 20권, 113쪽, 1946]

전기보다는 자기 현상이 비교적 빠르게 연구가 진행되었는데 이는 천연 자석이 고대 때부터 세계 각지에서 흔하게 발견되었으며, 자석이 철을 끌어당기고 철을 쉽게 자화시켜 자석과 같은 성질을 갖게 할 수 있다는 것이 고대 때부터 이미 잘 알려져 왔기 때문이다. 자기(magnetics)라는 말의 유래는 고대 마그네시아(magnesia) 지방에 천연 자철광이 많았는데, 이 지방의 이름을 따서 생겨났다. 자기 현상에 관한 것이 전기 현상보다 훨씬 빠르게 연구가 진행되었던 주된 이유는 일상생활에서 자기힘 현상은 확실하게 나타나는 반면에 전기힘 현상은 약하게 작용했기 때문이다. 이러한 자기힘 현상에 관한 것은 실생활 응용으로 이어져 12세기경부터

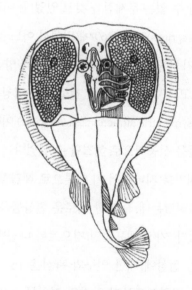

그림 2 | 토페도 마모라타 전기물고기

지구의 자기 현상(지자기)을 이용해 신대륙 발견의 붐과 더불어 나침반이 새로운 항해 도구로 사용되었다.

13세기 중반 이전까지 일반적으로 알려진 자기 이론을 보면 두 가지 성질, 다시 말해서 끌어당기는 힘(인력)과 정향성(자침이 북쪽 방향을 가리키는 성질)을 통합하기 위해 자석, 자화된 철, 북쪽 방향, 이 셋이 서로 일치한다고 생각했다. 그리고 추상적인 북쪽 방향의 개념을 실체화하기 위해서 북극 지방에는 강력한 자석으로 이루어진 산이 있기 때문에, 혹은 북극성의 영향 때문이라고 생각했다. 하지만 이 이론은 자침이 북쪽을 향할 뿐이지 실제는 북쪽으로 끌리지 않을뿐더러 자침의 정향성은 동시에 남쪽을 향한다고 볼 수 있는 점과 자석이 아무리 강력해도 영향을 미치는 거리는 한계가 있다는 점 등 해결할 수 없는 문제점을 갖고 있었다. 이러한 문제점들은 페레그리누스(Peter Peregrinus fl. ca 1269)에 의해서 어느 정도 해결되었다. 페레그리누스는 구형자석을 이용한 실험에서 자석의 양극과 천구의 양극을 하나의 공간으로 보고 구형자석에 대한 천구의 '구대칭적 끌어당기는 힘없는 영향력(spherical symmetric attractionless influence)'이라는 개념을 사용하여 그 전의 문제점들을 성공적으로 해결할 수 있었다.

그러나 15, 16세기를 지나면서 이 이론으로 해결할 수 없는 새로운 성질들이 하나하나 밝혀졌는데, 이러한 새로운 현상들을 설명할 수 있는 이론이 필요하게 되었다. 가장 대표적인 것으로는 나침반을 항해 도구로 사용함과 더불어 자기 현상에 대한 연구와 관심은 15, 16세기에 나침반의 바늘(자침)이 정남북 방향으로부터 약간의 편차를 보이며, 이러한 편차는

16

지역에 따라 일정하다는 것을 밝혀내
는 데 이르렀다.

그림 3 | 길버트의 나침반

전기와 자기에 관해서 체계적이
고 실험적인 방법을 통해 세상에 첫선
을 보인 사람은 아마도 윌리엄 길버트
(William Gilbert, 1544~1603)일 것이다.
영국의 의학자였던 윌리엄 길버트는
그 당시에 유행했던 이론적이고 사변
적인 논리 대신에 자신이 직접 고안해
낸 여러 가지 실험 기구를 가지고 전기와 자기 현상에 관해서 틈틈이 관
찰하고 연구했다.

이러한 길버트의 연구 결과는 그가 죽기 3년 전인 1600년 런던에서
여섯 권의 책으로 출판되었는데, 이 책은 순수과학을 위한 책이라기보
다는 그 당시 지식 계층에 만연했던 철학적 사변에 대하여 길버트 자신
의 철학적 관점들을 뒷받침하기 위해 씌어진 책이다. 이 『자석에 관하여
(De magnete)』라는 책은 전자기학의 역사적인 면에서 볼 때 중요한 의미
를 둘 수 있는데, 길버트가 책을 쓴 목적을 떠나 실험을 근거로 하여 체
계적으로 전자기학 현상을 다룬 최초의 과학책이기 때문이다. 길버트는
이 『자석에 관하여』 책을 통해 지구는 남극과 북극이 자기극으로 되어 있
는 하나의 거대한 구형자석으로 되어 있다고 주장했다. 이러한 가정으
로부터 나침반의 바늘이 언제나 남과 북을 가리키는 현상을 설명하는데

'terrella' 또는 'microge'(모두 작은 지구라는 뜻임)라고 이름 붙인 구형자석을 이용했다. 길버트는 이 구형자석을 이용해서 모든 자석이 양극 쪽에서 끌어당기는 힘이 강하게 작용하는 것은 자기 효과가 양극 방향으로 집중되어 있기 때문이라고 했다. 길버트는 또한 전기 현상에 관해서도 이 책에서 다뤘는데, 고대부터 알려져 왔던 호박 이외에도 마찰시키면 전기를 띠는 물질(전기체)들이 있다고 주장했다.

O 17세기 무렵의 유럽 사회

17세기의 유럽 사회는 봉건주의 사회에서 초기 자본주의 사회로 이행하는 과도기이다. 15세기부터 점차 중세 봉건 귀족들의 세력이 약해지면서 16세기부터는 강력한 왕권을 중심으로 근대 국가의 체계가 갖추어지기 시작했고, 초기 자본주의가 정착되어 가던 시기이다.

자유를 최상의 이념으로 내세운 시민 계급의 급성장은 문화와 사상뿐 아니라 사회의 모든 분야에서 이 이념이 널리 퍼지게 되었으며, 자연과학의 기계론적 우주관을 진리로 받아들이게 되었다. 체계적이고 논리적인 자연과학의 발달과 더불어 인간 자신에 대한 신뢰가 커질수록 종교는 사회에서 점차 기반을 잃게 되었고, 자연과학에 의존성도 커지게 되었다. '지리상의 발견'과 더불어 빠르게 발전한 과학 혁명은 근대 국가의 주역으로 급부상한 시민 계급의 세계관을 대변했다. 이 시민 계급의 세계관은 자연과학의 주된 논리인 합리적이고 논리적인 사고, 법칙성의 우위를 주장했다. 이러한 세계관은 전통과 권위에 의존하여 사회를 지배해 왔던 봉건 세력의 세계관과 대치되는 것이다. 봉건 귀족에 비해 절대다수를 차지하는 시민 계급의 강력한 형성은 신진, 보수 세력 사이의 갈등과 더불어 서서히 봉건 사회의 해체를 가속했다. 이러한 갈등, 다시 말해서 개인의 존엄성 인정으로부터 개인의 노력과 능력에 따라 출세가 좌우되어야 한다는 신진 시민 계급 세력과 혈통에 의한 대물림으로 사회를 지배해 오고 있던 봉건 귀족 계급 세력과의 갈등은 점차 증폭되어 18세기 말 프랑스 대혁명이 일어났으며, 결국은 시민 계급의 승리로 중세 봉건 사회 구조는 해체되기에 이르렀다.

자연과학 분야에서는 이 시기를 '과학 혁명'이라고까지 부른다. '지리상의 발견'과 더불어 상공업이 점차 발달하게 되었고, 군사 분야에서도 과학 기술이 아주 중요하게 쓰인다는 것을 인식한 왕실들은 과학 연구를 적극 후원하게 되었다. 실제로 이 시기에 영국을 비롯하여 각 나라에서는 과학 관련 중요 학회가 설립되어 이러한 자연과학 분야의 연구를 후원함으로써 자연과학은 더욱 빠르게 진보했다.

이 시기의 자연과학은 연구 방법론과 실험 기구들을 발전시켰다. 이전까지 일반적인 연구 방법이었던 추론으로부터 일반 법칙을 만드는 연역법을 탈피하여 구체적인 관찰 결과(실험 결과)로 법칙성을 일반화시키는 귀납법을 사용하기에 이르렀다. 그러므로 사변적인 논의는 점차 사라지게 되었으며, 경험과 관찰에 필요한 실험 기구들도 발전하게 되었다. 광학 유리, 망원경, 현미경, 기압계 등은 이 시기에 실험 기구의 개량에 따라 만들어진 것이다.

○ 17세기 전자기

17세기 물리학 면에서의 과학 연구는 주로 빛에 관련된 것들이다. 네덜란드를 중심으로 발전한 광학은 당시 실용 학문으로서 매우 중요한 역할을 했다. 이러한 주요 사회적인 기능 가운데 하나가 바로 망원경 발명이었다. 이때까지만 해도 과학의 기능은 철학을 위한 과학이었으며, 아직까지도 천문학을 벗어나지 못했다. 학문의 바탕을 신학에 두었으므로 천문학 관련 연구는 사회적인 관심이 집중되었다. 그러므로 철학자들 대부분이 자연과학 연구에 관심을 갖고 있었다. 절대자의 우주 섭리와 밀접하게 연관되어 있다고 믿은 새로운 행성의 발견은 과학계에 매우 놀라운 일이었으므로, 다른 부류의 과학 연구보다 천문학 분야는 과학자와 철학자에게 큰 매력으로 다가왔다.

한편으로는 서서히 실용 학문으로서 과학의 위상이 잡히기 시작한 시기이기도 하다. 대표적인 예로 위에서도 간단하게 말했듯이 기하 광학 연구의 실생활 응용을 들 수 있다. 처음에는 단순 기술만 가진 제조 기술자와 기능공들의 축적된 경험들로부터 점차 과학자들의 이론 연구와 더불어 개량 연구 결과물들이 나오기 시작했다. 네덜란드의 안경 기술자가 발명한 망원경과 현미경은 곧바로 과학자의 관심을 끌었다. 왜냐하면 이들 기술자가 만든 망원경이나 현미경들이 단순한 기술로 이루어진 것이므로

20

성능이 그리 좋지 않았기 때문이다. 따라서 갈릴레오와 케플러를 비롯한 과학자들은 망원경과 현미경을 좀 더 개량하고자 광학을 본격적으로 연구하게 되었다. 이처럼 17세기의 물리학 연구는 대부분이 광학 연구였다. 이러한 과학자들의 연구 결실로 망원경은 천문학뿐 아니라 항해술에도 매우 중요해졌다. 현미경은 주로 해부학 관찰 실험에 사용했다. 또한 이론적인 면에서도 빛에 관한 여러 법칙이 이 시기에 주로 완성되었다.

과학사 흐름으로 볼 때 17세기는 영국의 왕립 학회를 비롯한 과학 토론 모임이 서서히 자리를 잡아가고 있던 시대이기도 하다. 이것은 이전에 과학 활동이 점성술과 연금술 같은 미신적인 것으로부터, 그리고 사변적인 철학으로부터 독립하여 실험과 관찰로 자연의 본질을 밝혀내고자 하는 현대 자연과학으로의 이행을 의미하기도 한다. 1660년에 영국 런던에 설립된 왕립 학회(Royal Society)는 18세기 초까지 이렇다 할만한 성과는 없었지만, 여러 분야별(8개 분야)로 위원회가 설치되어 당시의 민감한 과학 문제들을 자유롭게 토론하며 해결하고자 시도했던 것이다. 프랑스에서도 영국의 왕립 학회와 비슷한 과학 단체가 1666년에 설립되었다. 프랑스 파리 과학 아카데미(Paris Academy of Sciences)는 영국의 왕립 학회와 마찬가지로 설립 초기에는 베이컨의 영향을 많이 받았는데, 17세기 말부터는 데카르트의 영향을 받았다. 프랑스 사람들은 주관심사가 과학적인 사실보다는 철학적인 문제나 문학에 더욱 많은 관심을 갖고 있었는데, 이러한 사람들의 관심사는 파리 과학 아카데미의 활동에 그대로 반영되었다. 이 당시에 이탈리아와 독일, 러시아 등에서도 과학 단체들이 이미 활동하고 있었거나, 새로 생겨나기도 했지만 그리 두드러진 활동은 없었다.

(이러한 과학 단체의 활동은 당시의 종교, 정치 형태와 매우 복잡하게 얽혀 있다. 여기서는 더 이상의 이야기는 생략하기로 한다. 과학 단체들의 활동과 사회적인 영향에 관해서 더 알고 싶다면 Stephen F. Mason의 『A History of the Sciences』를 읽어 보기를 권한다.)

위에서 이야기한 대로 이러한 시대적인 배경 속에서도 전자기에 관한 중요한 성과가 전혀 없지는 않았다. 대표적인 것이 전기를 만들어 내는 기전기의 발명인데, 이것은 공기 펌프를 발명한 게리케(Otto von Guericke, 1602~1686)에 의해서 이루어졌다. 그리고 일반 사람들에게도 이전부터 알려져 오고 있던, 전기 충격을 비롯한 전기가 생체에 미치는 영향에 관하여 몇몇 과학자의 관심이 매우 높았다. 주로 이러한 전기 충격에 관해서는 의학자들이 연구하긴 했지만, 17세기 후반에 들어 점차 물리학자들도 이 전기 현상에 관해 눈을 돌리기 시작했다. 이러한 전기 충격의 인체 영향에 관한 연구는 18세기로 이어져 볼타가 전지를 발명하는 계기가 되었다.

○ 18세기 무렵의 유럽 사회

18세기는 현재의 세계 분할 구조가 어느 정도 자리매김하기 위해 꿈틀거리던 시기다. 영국의 경우 분할되었던 잉글랜드와 스코틀랜드가 1707년 병합함으로써 대영제국의 길로 접어들었다. 그리고 미국은 18세기 후반에 독립전쟁을 치른 후 무한한 자원을 통해 서서히 강대국 서열에 끼어들기 시작했으며, 프랑스는 시민 혁명을 이루어 주변 여러 나라에 민권사상을 급속하게 전파했다. 이러한 역사는 단순히 갑작스럽게 나왔다기보다는 18세기 이전부터 꿈틀거리기 시작한 여러 사상과 밀접하게 연관되어 있다. 17세기의 합리주의, 로크의 정치사상, 뉴턴의 기계론적 우주관은 시간이 지남에 따라 신 중심보다는 인간을 중요시하는 쪽으로 발전해 나갔다. 대표적으로는 프랑스 중심의 계몽사상과 영국의 애덤 스미스(Adam Smith, 1723~1790)를 중심으로 한 자유 방임주의 경제사상을 들 수 있을 것이다.

이 시대의 대표적이면서도 비교적 과격한 편이었던 계몽사상가로는 프랑스의 장 자크 루소(Jean Jacques Rousseau, 1712~1778)를 꼽을 수 있다. 계몽사상을 주장하거나 영향을 많이 받은 사람들은 종교와 신을 부정하고 인간의 이성을 중요시하여 무신론을 주장했으며, 따라서 기존의 사회 이념과 체제를 부정하는 요소가 강했다. 다시 말해서 계몽사상은 인간의 이성을 절대적으로 믿고 이성에 의한 인류의 진보를 주장하여 인간의 무지와 미신을 타파하고, 이성에 어긋나는 모순된 제도와 관습을 시정하고 개혁할 것을 주장하는, 시대적인 배경으로 볼 때 과격한 사상이었다. 이러한 계몽사상은 특히 프랑스를 중심으로 발전했으며, 활동에도 적극적이었다. 이러한 사상을 추종하는 디드로, 달랑베르 같은 프랑스의 계몽사상가들 중심으로 백과사전파가 형성되어 새로운 과학 지식과 사상 등을 널리 보급하고자 모든 지식을 집대성해 놓은 백과사전(Encyclopedia)

을 편찬하기도 했다.

한편으로 애덤 스미스 같은 경제학자는 『국부론』을 통해 자유방임주의를 강력하게 주장했는데 부의 근원이 노동에 있다고 보고 중농주의, 중상주의를 비판했다. 또한 스미스는 각 개인이 자신의 이익을 추구하도록 내버려 두어야 하며, 따라서 정부의 기능은 외적의 침입 방지, 사회 질서 유지, 공공기관의 유지 등 경찰의 기능과 군대의 기능만을 강조했으며, 개인의 자유를 최대로 보장하는 것이 자연의 법칙이라고 주장했다.

다른 한편으로 18세기 무렵 유럽 사회의 가장 큰 변화는 독일 지방의 프로이센 왕국이 생겨나 주변 나라에 영향력을 행사한 것이다. 독일 지방에서 17세기 중반에 일어났던 신·구교의 종교 싸움이 결국은 외부 세력을 끌어들여 각국의 이해관계에 따라 국제 전쟁으로 30년 동안 지속되었다. 이 30년 전쟁의 결과로 독일은 다른 주변 국가들이 근대화의 길로 바쁘게 뛰어가고 있을 때도 아무 대책을 세울 수가 없었다. 다시 말해서 장기간 전쟁으로 인한 독일 민족의 인적, 물적 자원의 손실은 엄청나게 컸으며 유럽의 후진국으로 전락하게 되었다. 이러한 배경 속에서 독일의 동북부에 위치한 프로이센은 전쟁의 심각한 피해를 받았음에도 불구하고 절대왕정 체제 기반을 수립했다. 프로이센에서는 절대왕정 체제 기반을 다지는 동안 시민 계급의 성장은 억제시키면서 봉건적 국가 체제로 재정비했다. 군국주의 형태로 발전한 프로이센은 군사력 증강을 최우선 과제로 두어 18세기 중엽에는 주변 강대국과 어깨를 나란히 하게 되었다. 그러나 프로이센이 봉건적인 절대왕정 체제였기 때문에 이 당시 독일은 시민 계급의 둔화와 함께 과학 기술 발전은 상대적으로 다른 유럽국가보다 뒤지게 된 것은 당연한 일이었을지도 모른다.

18세기 후반 들어 유럽과 신대륙 미국은 혁명의 시기를 맞이했다. 신대륙에서의 미국 혁명은 아메리카 합중국이라는 공화국을 탄생시키는 결과가 되었고, 유럽의 프랑스 혁명은 전제 절대왕정을 타도하여 봉건 제도의 잔재를 말끔하게 없앴다. 두 혁명은 '자유'와 '평등'이라는 개념을 이상의 단계에서 현실의 수준으로 끌어낸 역사적 과업을 성공적으로 이끌었다. 그러나 혁명을 주도하고 혁명의 이념을 뒷받침한 사람들은 봉건 특권층에 대하여 불만을 가졌던 시민 계층이었으므로 이들은 평등보다는 자유의 이념을 중시했다. 시민 계층에서 평등의 이념은 자유가 실현된 이후에야 제기되는 것으로 생각되었다.

자유의 이념을 현실에서 성취한 시민 계층은 개인의 능력으로써 사회적으로 성공할 수 있다는 신념을 가졌고, 이들은 전문 직업을 가지면서 명성을 얻는 한편 사회적 지위 상승의 배경으로 경제적 부를 중시했다. 자유와 관련하여 경제적인 부를 얻을 수 있는 기회를 자본주의 경제 제도가 마련했기 때문에 시민 계층은 자유 방임주의 경제학에 의거한 자본주의 경제 제도를 옹호했는데, 이는 정부의 간섭을 받는 중상주의 경제와는 전혀 다른 것이었다.

경제적인 힘을 지주로 하여 시민 계층은 정치 요구를 증대시켰고, 각국의 정부는 시민 계층의 정치 요구를 점진적으로 수용하면서 근대화를 경험했다. 그러나 근대화의 양태는 각국의 역사적 경험과 정치적 상황에 따라서 아주 다양한 형태를 나타냈다. 일반적으로 동유럽이나 남유럽이 서유럽에 비해 근대화가 늦었고 러시아의 경우 근대화는 더욱 지체되었다.

○ 18세기의 전자기

우리가 현재 알고 있는 전기, 자기학은 공통적으로 어떤 물체들을 잡아당긴다는 현상을 관찰한 것으로부터 출발했다. 18세기 근대 과학자들의 놀라운 연구 결과가 있기 전까지 전기와 자기는 전혀 다른 것이었으며, 전기 자기학의 발달이 인류 문명을 엄청나게 바꾸어 놓으리라는 것은 18세기 당시 전자기 법칙들을 발견한 과학자들도 예상하지 못했으리라.

* 전기의 종류와 개념 정리 *

17세기에는 앞서 이야기한 대로 전기, 자기 분야에서는 이렇다 할 결과물이 없다. 다만 17세기 말에 정전기 현상에 관한 관심이 서양 과학자들 사이에 매우 높았다. 정전기에 관한 과학자의 관심은 18세기로 이어져 서서히 그 연구 결과가 나타나게 되었다. 정전기 연구 결과로 1729년 영국에서 스티븐 그레이(Stephen Gray, 1670~1736)가 마찰 전기에 관해 실험하던 중 전기 도체를 발견했다. 다시 말해서 전기가 잘 통하는 물체(도체)와 통하지 않는 물체(부도체 또는 절연체)를 구별해 낸 것이다. 곧이어 1733

년에 프랑스의 듀 파이(Charle Frangois de Cisternay Du Fay)가 전기 힘에는 끌어당기는 힘과 밀어내는 힘, 즉 두 종류의 전기 힘이 존재한다고 발표했다. 또 전기에도 서로 다른 두 종류의 전기가 있어서, 같은 종류의 전기 사이에서 밀어내는 힘이 작용하고 서로 다른 전기 사이에서는 끌어당기는 힘이 작용한다고 주장했다. 이러한 듀 파이의 주장은 미국의 과학자이자 피뢰침을 발명한 벤저민 프랭클린(Benjamin Franklin, 1706~1790)에 의해서 다시 수정되었다.

1745년에는 독일의 두 과학자, 라이덴(Leiden) 대학의 뮈센부르크(Pieter van Musschenbroek, 1692~1761)와 쿰민(Kummin) 대학의 클라이스트(von Kleist, 1715~1759)가 거의 동시에 라이덴병을 발명함으로써 정전기를 인위적으로 모으는 것이 가능하게 되었으며, 동시에 방전 현상을 관찰할 수 있게 되었다. 뮈센부르크는 이 라이덴병 속에 물을 채운 다음에, 기전기에서 만들어진 전기를 라이덴병 속 물에 철사와 연결하여 전기를 모으고자 했다. 이때 기전기와 연결된 철사에는 전류가 흐르게 되는데, 뮈센부르크는 이 철사를 손에 잡아보고 인위적인 전기 충격을 발견했다. 이 라이덴병의 발견을 적절하게 다른 실험에 응용한 사람은 아마 앞서 말한 벤저민 프랭클린일 것이다. 프랭클린은 듀 파이가 주장한 '서로 다른 종류의 전기'는 없으며, 하나의 동일한 전기가 양과 음의 부호를 갖는다고 주장했다. 프랭클린은 또한 천둥과 벼락(번개 현상)은 공중 전기(atmospheric electricity)의 방전 현상이라는 것을 1752년 연날리기 실험을 통해 알아냈으며, 이로부터 피뢰침을 발명하게 되었다. 그리고 현재 우리가 알고 있는 한정된 임의의 공간에서 전하들의 순수한 합은 언제나 일정하다는 전하 보존 법칙을 주장했다.

볼로냐(Bologna) 대학의 해부학 교수인 갈바니(Luigi Galvani, 1737~1798)는 정전기 현상뿐 아니라 생물의 전기 충격에 대해 관심을 갖고 있어서, 틈틈이 그의 해부학 연구실에서 여러 실험을 했다. 갈바니는 해부된 개구리 다리의 근육과 신경 사이를 구리선(또는 다른 금속 연결기)으로 연결하기만 하면, 개구리 다리 근육이 경련을 일으킨다는 사실을 발견했다.

갈바니는 개구리 다리 근육의 경련 현상은 생물의 전기 현상이며, 전기 뱀장어와 같이 전기를 발생시키는 것이라고 생각했다. 그리고 전하는 금속을 통해서 신경으로부터 근육으로 흐르기 때문에 갈바니는 이것을 '동물 전기(animal electricity)'라고 했다. 개구리 다리의 근육 경련이 동물 전기가

그림 4 | 갈바니의 해부학 실험

신경을 통해 다리 근육으로 전달되었기 때문이라고 결론을 내린 갈바니는 이런 실험 결과들을 1791년에 발표했다. 갈바니의 이 실험 결과 발표는 과학자들 사이에서 상당한 논쟁거리가 되었다. 이때 갈바니의 발견에 대하여 진지하게 생각하고, 이런 현상에 대해 연구한 물리학자가 있는데, 이 과학자가 바로 파비아(Pavia) 대학의 볼타(Alessandro Volta, 1745~1827)이다.

1792년에 볼타는 개구리 다리 근육 경련에 대한 원인이 갈바니의 주장과는 다르게 개구리의 축축한 몸과 금속 사이의 접촉 전위 때문에 일어난다고 설명했다. 다시 말해서 이 현상을 물리적인 전기 현상으로 보고, 개구리의 다리는 종류가 다른 두 금속의 접촉에 의해 발생하는 민감한 전기 검출기에 불과한 것이라고 생각한 것이다. 생물체의 신경과 근육도 전기를 발생시키는 작용을 하며, 금속이 이것에 닿으면 전기 작용에 어떤 변화가 일어나지 않을까 생각한 볼타는 종류가 다른 여러 금속을 생체의 두 군데에 연결시켜 전기 작용을 연구했다. 볼타는 이 연구에서 전류의 발생 원인은 금속 그 자체에 원인이 있으며, 생물체와는 아무 관계가 없다고 결론을 내렸다. 볼타는 1794년에 갈바니가 이 전기를 '동물 전기'라고 주장한 것은 잘못된 것이며, 이런 종류의 전기는 금속 자체에서 생겨나므로 '금속 전기'로 불러야 한다고 주장했다. 이러한 볼타의 금속 전기 주장은 2년 뒤인 1796년 글렌에 의해서 '갈바니 전기'로 부르게 되었다. 볼타는 자신의 생각이 옳았음을 실험으로 보여 주었는데, 1797년 생물체 없이 단지 종류가 다른 두 금속을 접촉했더니, 약하지만 전기가 만들어진다는 사실을 발견했다. 그리고 종류가 다른 금속을 여러 가지로 조합해 본 실험에서 어떤 것은 다른 것보다도 더 큰 전기 효과가 있음을 발견했다. 볼타는 이어서 여러 금속을 직렬로 연결하면 마찰기전기 정도의 전기 효과가 생겨난다는 사실을 알아내고, 특히 금속으로 연결한 자리를 산(acid)으로 적셔 줄 때 전기 효과가 더욱 크게 생긴다는 사실을 발견했다. 이러한 연구를 더욱 깊이 있게 하던 볼타는 1799년에 종류가 다른 두 금속 조각을 따로 떼어내 금속의 일부분을 산 속에 담그고 잠기지 않은 금속 끝부분끼리 서로 연결하면, 전기 회로가 구성되어 강한 전류가 만들어짐을 발견하게 되었다(볼타는 이러한 장치를 'pile'이라고 불렀다). 결국에 이 발견을 응용하여 볼타 전지를 발명하게 된 것이다. 볼타 전지는 산에 용해하는 금속의 화학 작용에 의해 전기를 발생시키는 장치다. 1800년에 아연(Zn) 원판과 은(Ag) 원판 사이에 각각 소금물에 적신 카드 종이를 끼워 넣고, 최초의 전지를 만들었다.

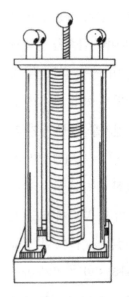

그림 5 | 볼타의 pile

오늘날 우리는 전지의 전류 발생 원리를 잘 알고 있지만 볼타가 전지를 발명할 당시에만 해도 전류에 대한 개념이 거의 없었다. 이 시기에 전류 발생 원리에 대해 관심을 갖고 있던 몇 명의 과학자가 있었는데, 그중 한 사람인 훔볼트(Humboldt, 1769~1859)는 볼타 전기가 발명되기 전인 1797년, 중간에 수층을 둔 아연(Zn)과 은(Ag)의 전극으로 이루어진 전지를 연구하고 발표했다. 그리고 2년 후인 1799년에 훔볼트의 연구를 주의 깊게 재검토한 리터(Ritter, 1776~1810)는 황산동 용액을 전기분해해서 동을 석출해 냈다. 리터는 또한 라이덴병의 방전을 이 분야에 이용하여 정전기와 전지의 전기가 동일한 것임을 밝혔으며, 전지 내에서 일어나는 화학 변화가 전류를 발생시키는 원인이라고 주장했다.

◆ 정전기학 법칙 연구 ◆

18세기는 현재의 전자기 법칙들이 나오기 시작한 시기이기도 하다. 정전기학의 발달과 정자기학의 성질은 산업 혁명이 빠르게 진행됨에 따라 기술 공학도 빠르게 발전하게 되었으며, 이러한 발달에 힘입어 각종의 정밀을 요구하는 과학 기술들이 서서히 자리 잡아갔다. 18세기 중반 들어 서양 각국에 불어 닥친 산업 혁명의 결과로 새로운 공업 기술들이 빠르게 발달했는데, 이것은 과학과 기술이 획기적으로 발전하는 데 상호 작용하는 요인이 되었다.

17세기 후반에 영국의 아이작 뉴턴 경(Sir Isaac Newton, 1642~1727)은 물체의 운동을 포함한 역학을 연구하여, 고전 역학의 체계를 확립했다. 1687년에 출판된 뉴턴의 『자연철학의 수학적 원리(Naturalis Philosophiae Principia Mathematica)』에 "두 물체 사이에는 각각의 질량의 곱에 비례하고 거리의 제곱에 반비례하는 힘이 작용한다"라는 만유인력 법칙을 발표했다. 두 물체 사이에 작용하는 힘의 관계를 나타내는 만유인력 법칙은 대전체(전기를 띤 물체) 사이의 힘 법칙을 형성하는데, 근 1세기 동안 거의 영향을 못 미쳤다. 이것은 이 기간 동안 전기학의 연구가 아직은 초보 단계였고, 대전체 사이의 힘을 측정할 만한 실험적 기술도 아직 준비가 안 되었기 때문이다.

대전된 물체 사이에 작용하는 힘에 관한 연구는 1767년이 되기 전까지 몇몇 수학자들 사이에서 연구되었으나, 별다른 성과를 거두지 못했다. 1729년 그레이는 마찰 전기 연구 과정에서 구(球)도체에 전하를 대전시켜 주면, 전하는 구도체 표면에만 분포하고 구도체 내부에는 존재하지 않는다는 것을 알아냈다. 그리고 1755년 프랭클린은 은으로 만든 그릇을 대전시켜서, 그릇 안쪽에는 전하가 없으며, 그레이의 결과와 마찬가지로 그릇 표면에만 전하가 존재한다는 것을 밝혀냈다. 이 실험은 다시 프랭클린의 요청으로 영국의 화학자인 조지프 프리스틀리(Joseph Priestley, 1733~1804)가 다시 하여 1766년에 금속(도체) 그릇(vessel)을 가지고 여러 실험을 한 후 결과들을 정리하여 1년 뒤인 1767년에 다음과 같은 사실들을 발표했다. "속이 빈 금속 그릇이 전기를 띠게 되었을 때, 그 그릇 내부에 있는 물체에는 어떠한 전기적인 힘도 작용하지 않는다." 프리스틀리는 또한 전기의 끌어당기는 힘은 뉴턴의 만유인력 법칙과 같은 형태를 따르며, 따라서 대전된 물체 사이에는 거리의 제곱에 반비례하는 힘이 작용한다고 추론했다. 이것은 분명 뉴턴의 만유인력 법칙을 전기적인 실험 사실과 연관시켜 추론한 것으로 이것에 대한 장황한 기술은 피하기로 하고,

쿨롱 편에서 자세하게 다루기로 한다.

1773년에 영국의 물리학자 캐번디시(Henry Cavendish, 1731~1810)는 정교한 실험 장치로 속이 빈(공동) 도체를 대전시키면 전하는 도체 표면에만 존재하고, 도체 속에는 전하가 존재하지 않는다는 것을 확인했다. 이러한 사실은 전하 사이에 작용하는 힘은 전하 사이의 거리의 제곱에 반비례해야 된다는 것을 설명하고 있다. 그러나 캐번디시는 이 연구를 세상에 알리지 않아서, 연구 업적을 인정받지 못했다. 그러므로 전기를 띤 물체 사이에 작용하는 힘 법칙은 프리스틀리의 추론에 영향을 받아 많은 과학자들이 실험으로 밝혀내고자 노력한 이후, 결국 1785년에 프랑스 물리학자인 쿨롱(Charles Augustin Coulomb, 1736~1806)에 의해서 법칙으로 완성되었다. 쿨롱은 자신이 직접 제작한 정교하게 만든 정밀한 실험장치를 가지고 실험한 후에 전기와 자기 현상에 대한 수학적 분석을 적용하여, 현재 우리가 알고 있는 쿨롱의 법칙 "두 전하 사이에 작용하는 전기 힘은 각각의 전하량 크기의 곱에 비례하고, 전하 사이의 거리의 제곱에 반비례한다"를 완성한 것이다.

프리스틀리의 연구 이후에 정전기학은 실험적으로나 이론적으로 많은 진보가 있었는데 여기에 관련된 대표적인 인물로 다음과 같은 과학자의 공헌이 컸다. 즉 정전기를 실험적으로 규명하는 데는 위에서 언급한 쿨롱과 영국의 물리학자인 캐번디시의 역할이 컸으며, 이것을 이론적으로 수학적 체계를 완성하는 데는 수학자인 푸아송(Siméon Denis Poisson, 1781~1840), 그린(George Green, 1793~1841), 가우스(Carl Friedrich Gauss,

1777~1855)의 공헌이 지대했다. 특히 푸아송이 1813년에 발표한 『푸아송 식과 전하 보존의 법칙』은 사실상 정전기학의 모든 법칙이 포함되어 있다. 정전기학이 끊임없이 진보해 가는 동안 정전기학의 기본 법칙들이 보다 명확하게 요약되어 발표되었으며, 동시에 흐르는 전기(전류)의 연구, 즉 동전기학(galvanism)이 생겨나게 되었다.

영국의 위대한 화학자 험프리 데이비 경(Sir Humphry Davy, 1778~1829)은 전기분해 실험을 7년 동안 한 끝에 1807년에 나트륨과 칼륨의 화합물로부터 알칼리 금속인 나트륨과 칼륨을 석출하고 이 화학 원소의 발견자가 되었다. 데이비의 제자인 천재적인 실험물리학자 마이클 패러데이(Micheal Faraday, 1791~1867)는 데이비의 연구를 도와주면서 데이비의 죽음 이후에도 꾸준하게 전기분해에 대한 실험과 연구를 거듭한 끝에 1834년에 전기분해에 관한 패러데이 법칙을 발견했다.

○ 19세기 무렵의 서양 사회

18세기 후반, 프랑스 혁명이 인류 사회에 미친 영향보다도 더욱 큰 영향을 끼친 새로운 힘들이 유럽의 경제와 사회에 작용하기 시작했다. 새로운 힘들이란 농업 분야에서는 과학 기술로 농업 생산물을 증대시키는 것이고, 제조업 분야에서는 노동과 자본을 새로운 조직으로 구성하여 생산성을 높이는 것이었다. 이러한 생산 분야에서 나타난 변화는 당시 사람들에게 매우 놀라운 일이어서 이미 1820년대 프랑스의 평론가들은 새로운 변화에 '산업주의' 또는 '산업 혁명'이라는 이름을 부여했다. 새로운 변화를 시작한 나라는 영국이었으나, 곧 유럽 전 지역과 아메리카로 변화의 힘이 확산되어 그 영향을 전 세계에 미쳤다고 해도 과언은 아닐 것이다. 본래 산업 혁명이라는 말은 농업과 수공업적인 생산 방식으로부터 도시 지역의 공장에서 기계에 의한 생산 방식이 지배적인 경제로의 이행을 의미한다.

'산업 혁명'의 의미를 접어두더라도 이 시기의 기술적 변화는 인간의 진보에 대한 희망을 부풀게 했고, 가난과 육체적인 고역으로부터 벗어날 수 있다는 가능성과 꿈을 주었다. 그러나 급격한 산업화의 진행과 도시화는 국가와 개인에게 전혀 예상하지 않았던 엄청난 문제를 새로이 부과했다. 또한 산업화 진행 과정은 국가마다 방법이나 속도가 달랐다. 영국의 경우 18세기 후반 생산, 분배, 노동조직의 변화가 시작되었으나, 프랑스의 경우는 19세기 초 나폴레옹이 집권한 이후 그의 군사적 요구에 대응하는 형식으로 나타났다. 중부 유럽에서 산업 성장은 1840년대에 본격화되어 수공업자들은 산업화의 진행을 악으로 규정하고 방해하려는 조직적인 운동을 펼치기도 했다. 이탈리아와 독일에서도 민족 국가가 수립되지 못했으므로 산업화의 과정에서 많은 불리함을 겪었고, 동유럽의 경우 산업화는 19세기 말에 가서야 본격화되었다. 이러한 산업화의 차이는 각 사회가 겪은 역사적 경험의 차이와 자연 조건의 차이에서 비롯되었다. 발칸반도 주변의 국가들은 이러한 자연적인 지리 조건과 역사적인 경험의 미숙으로 인하여 1945년 이후에야 산업화를 시작했던 것이다.

19세기 동안 산업화의 진행은 유럽 각국에서 다른 시기에 다른 정도로 나타났다. 이러한 시기와 정도의 차이는 각국의 사회, 정치, 경제의 구조에도 영향을 미쳤다. 그래서 각국은 전통관습의 존속과 변화에 있어 다양한 차이를 나타내는데, 예로 독일의 경우 산업화 이전 시대의 사회구조가 성공적인 산업화에도 불구하고 20세기까지 강력하게 잔존했으며, 러시아의 경우는 워낙 뒤늦은 산업화의 시작으로 인해 농업적 사회구조가 20세기까지 핵심적인 위치를 지탱할 수 있었던 것이다.

　　그러나 산업화는 산업화 시대 이전의 구조를 존속시키되 변형을 강요했다. 그래서 각국의 정치, 사회, 경제 구조는 새로운 사회에 적응하도록 재구성되었고 재구성의 정도는 곧 각국의 역사적 특징을 드러내게 되었다. 각국이 부딪쳤던 문제들, 다시 말해서 전통과 근대화의 충돌, 그리고 그 조정이 19세기 유럽 각국이 겪었던 역사 경험을 이루게 되었던 것이다.

　　유럽이 산업화라는 거대한 역사 변화를 겪으면서 공통적으로 강요받은 사실은 새로운 사회 세력으로 대중의 존재를 인정하는 일이었다. 대중은 이즈음 시민 계급의 세계관을 자기의 것으로 만들어 갔으며 과거 봉건 계급에 대하여 시민 계급이 저항한 것처럼 새로운 지배 세력으로 성장한 시민에게 저항했다. 참정권의 확대를 가장 중요한 목적으로 삼고 그 외에도 사회와 경제적 안정을 요구한 대중은 시민 계급이 내세운 '자유'라는 이념에 더 이상 만족하지 않았고 '평등'이라는 이념의 실현을 위해 노력했다. 이들의 목표인 평등의 길로 나아가는 과정이 곧 대중 사회로 전환을 가져오게 될 것으로 생각했기 때문이다.

19세기 사상가들은 자연과학, 개인 자유, 사회 개혁을 중시한 계몽주의의 후예들이었다. 계몽주의 시대의 철학 전통을 따라 19세기 사상가들은 자연과학을 인류가 성취한 최대의 업적으로 바라보고 과학의 발전을 곧 인류의 진보라고 믿었다. 의회 제도의 확산, 교육 기회의 일반화, 기술의 발전은 인류의 미래에 대해 사상가들로 하여금 장밋빛 꿈을 꾸게 했다.

　그러나 이와 정면으로 대결하는 사상 조류도 19세기 초 이미 나타났다. 낭만주의자들은 계몽주의의 자연과학적 합리 정신을 부정하며, 폭력을 인정하여 개인 상호 간 또는 국가와 민족 간 투쟁을 자연의 법칙으로 인정하고 있었다. 이들은 인간의 행동을 다스리는 원천이 이성이 아니며, 무의식과 충동이라고 믿고 있었다. 따라서 이들의 견해에 따르면 불합리한 감정의 폭발은 억제되는 것이 아니라 인간 내면의 본질로서 분출되었다. 이리하여 본능적 충동의 폭발적 힘에 비하여 이성의 연약함이 대비되었고, 교육으로도 인간 본성은 이성의 굴레에 속박당하지 않는다는 확신이 전 유럽으로 번져 나갔다. 산업화의 급진전, 기독교 도덕 윤리의 위축, 세속화 현상은 인간의 삶의 의미를 무가치한 것으로 만들어 인간을 본능적 충동에 쉽사리 굴복하게 만들었다. 19세기 말 불합리한 사상들이 이성 중시의 과학적 합리주의를 밀어내고 서구 사회의 주도적 풍조가 되었다. 이성은 도전을 받고 동요되었으며, 사람들은 이성을 떠나 새로운 안식처를 추구했다. 그것은 힘과 정열에서 정주할 곳을 발견하고자 한 것이다.

○ 19세기의 전자기

19세기는 고전 전자기학에서 가장 찬란하고, 학문적 체계를 꽃피운 시기다. 전기, 자기에 관한 여러 현상의 발견과 더불어 이것의 응용은 어느 누구도 예측할 수 없었던 새로운 현상을 맞았으며, 인류의 문명을 급진전시키는 데 지대한 공헌을 했다. 19세기의 급격한 과학 발달은 단지 몇몇 과학자들의 끊임없는 노력의 대가라고 보기보다는 그 시대적 배경에 있다고 봐야 할 것이다. 19세기 서양은 이미 산업 혁명의 성숙기로 봉건주의가 몰락하고 신흥자본주의가 거의 정착되던 시기다. 또한 크고 작은 공장들을 중심으로 공업은 급속도로 발달해 갔으며, 과학 기술은 숨가쁘게 공업 사회에 흡수되었다.

이 시기의 과학 활동은 대학의 역할이 점점 큰 비중을 차지하면서, 소수 귀족 계급 과학자들 중심으로 이끌어오던 학회보다는 시민 계급이 보다 폭넓게 진출할 수 있는 대학 중심으로 옮겨 갔다. 또한 과학이 부유한 귀족의 전유물이었던 시대가 아니라 다양한 계층의 학문적 욕구를 수용하는 시기였는데, 이것은 가난한 견습공 출신의 험프리 데이비와 역시 같은 견습공 출신으로 그의 제자인 마이클 패러데이가 18, 19세기 동안 영국의 왕립 연구소를 이끌어 나갔으며, 동시에 왕립 학회의 중요한 인물이었다는 것만 봐도 알 수 있다. 이처럼 19세기에는 과학과 공업의 급격한 발전과 더불어 사회 속에서 과학의 위치는 더욱더 확고해졌으며, 차지하는 비중이 커지는 만큼 과학과 기술의 유대 관계는 더욱 강화되었다.

✻ 전자기학 법칙과 이론 연구 ✻

이러한 시대적 배경 아래에서 19세기 전자기학 발전의 중요한 전환점은 아마도 이전까지는 독립적인 현상으로 여겨왔던, 전기와 자기의 어떤 연관성을 들 수 있을 것이다. 1820년에 덴마크의 물리학자 외르스테드(Hans Christian Oersted, 1777~1851)는 코펜하겐 대학에서 실험 강의 도중에 우연히 전류가 흐르는 도선 주위에 도선과 나란하게 나침반 바늘(자침)이 놓이면 자침이 움직이는 현상을 발견했다. 그는 이와 관련된 여러 실험을 해보았는데, 발견 당시와 반대 현상인 자석을 고정시켜 놓고 전류 회로의 움직임을 관찰하면 방향이 변한다는 것을 발견했다.

외르스테드가 전류의 자기 작용에 관한 현상을 발표한 직후, 이러한 전류의 자기 현상에 착안하여 프랑스의 물리학자이면서 화학자인 아라고(Arago, 1786~1853)와 게이 뤼삭(Gay-Lussac, 1778~1850)은 철 조각에 도선을 감아 도선에 전류를 흐르게 하면 철이 자화된다는 것을 발견했다. 전류에 의한 철의 자화 현상을 발견함으로써 전자석의 폭넓은 실용성을 예고한 것이다. 또한 프랑스 물리학자 비오(Jean Baptiste Biot, 1774~1862)와 사바르(Félix Savart, 1791~1841)는 외르스테드의 결과를 엄밀하게 분석하여 1820년에 전류 토막에 의한 자기 효과를 수식화함으로써 비오—사바르 법칙을 만들었다. 이 비오—사바르 법칙은 〈그림 7〉의 식과 그림에서 알 수 있듯이 주어진 전류 분포에 대하여 임의의 공간에서 자기장을 계산하는 데 유용하게 쓰인다. 이 식의 의미는 이전까지 실험으로 알 수

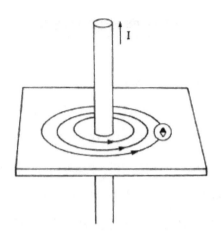

그림 6 | 전류의 자기 작용

있었던 결과들을 다소 복잡하지만 계산을 통해서도 실험에서 볼 수 있는 자기 현상을 예견할 수 있다는 것이다. 이것은 국소적인 전류 분포에 관한 자기장 정보를 제공하므로 실험을 굳이 하지 않아도 실험적인 사실을 예견할 수 있다.

역시 프랑스 물리학자인 앙페르(André Marie Ampère, 1775~1836)도 외르스테드의 발견 소식을 전해 듣고 다양한 실험에 착수하여, 그해 가을 전류에 작용하는 자기힘의 방향을 나타내는 「오른나사의 법칙」과 자기힘의 세기와 전류 사이의 관계를 밝힌 「주회로 법칙」을 발표했다. 앙페르는 또한 두 전류 토막 사이에 작용하는 힘은 만유인력 법칙과 마찬가지로 거리의 제곱에 반비례하고 각각의 전류 세기에 비례한다는 것을 보여 주었

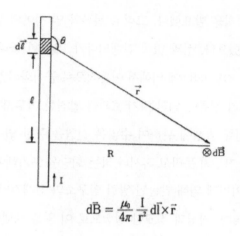

$$d\vec{B} = \frac{\mu_0}{4\pi} \frac{I}{r^2} d\vec{l} \times \vec{r}$$

그림 7 | 비오─사바르 관계식과 그림

다. 그리고 이때 작용하는 각각의 전류 방향에 따라 끌어당기는 힘과 밀어내는 힘이 있다는 것을 밝혀냈다. 또한 전기적인 힘의 작용과 자기적인 힘의 작용을 면밀하게 관찰한 앙페르는 이 전자기 힘이 기체나 물과 같은 액체 속에서, 심지어는 고체에 방해를 받아도 여전히 작용함을 보여 주었다. 이런 사실을 통해 외르스테드와 마찬가지로 "전류는 도선 속에만 갇혀 있지 않고 주변 공간에 널리 퍼져 있다"라고 생각한 것을 일반화시켜 전자기 힘의 먼 거리 작용설을 주장했다.

1827년 그 당시 체계가 잡혀 있던 열역학의 금속 열전도 현상에 관한 연구 경험을 바탕으로 전류를 연구해 왔던 독일의 물리학자 옴(Georg Simon Ohm, 1789~1854)은 전기에 대해 명확한 개념과 용어 사용을 체계화시켜 옴의 법칙을 발표했다. 그리고 전류와 열 사이의 관계는 몇몇 과학자들이 연구했으나, 성과 없이 진행되다가 1841년 물리학자 줄(James Prescott Joule, 1818~1889)에 의해서 이론적으로 공식화되었다.

외르스테드가 전류에 의한 자기 효과를 발견한 이후 많은 과학자들은 자기에 의한 전류 발생에 관하여 수많은 실험을 통한 연구를 해 왔으나 별다른 효과를 거두지 못하고 혹시나 하는 희망을 포기해야만 했다. 그러나 1813년 데이비에 의해 발굴된 왕립 연구소의 천재적인 실험물리학자 패러데이는 기발한 착상과 정교한 실험으로 이 일을 해냈다. 패러데이는 1831년에 전기힘선 또는 자기힘선(나중에 장의 개념이 됨)의 개념을 도입하여 닫힌 회로 주위에 형성된 자기장이 시간적으로 변하거나, 자기장 속에서 도체가 운동할 때 도체에 전류가 유도된다는 것을 밝혔다. 이것이 바로 현재의 전기 문명 시대를 가능하게 한 전자기 유도 법칙의 주요 내용이다. 1833년에는 렌츠(Heinrich Friedrich Emil Lenz, 1804~1865)가 운동하는 도체에 의해서 유도된 전류의 방향에 관한 연구를 정리해서 법칙으로 발표했다.

패러데이가 전자기 실험 연구에 몰두하는 기간 동안, 주로 독일을 중심으로 유럽 대륙에서는 전기와 자기의 수학적 이론들이 실험 연구에 보조를 맞춰 발표되고 있었다. 물리학자 노이만(Franz Ernst Neumann), 베버(Wilhelm Eduard Weber, 1804~1891), 렌츠 등이 이 시기에 연구한 과학자들이며, 같은 시기에 줄과 두 물리학자, 영국의 톰슨 경(Sir William Thomson, 1824~1907: 후에 Lord Kelvin)과 독일의 헬름홀츠(Hermann von Helmholtz,

1821~1894)는 에너지의 다른 형태와 전기 사이의 연관성을 이론적으로 발전시키고 보다 명료하게 했다. 또한 헬름홀츠, 톰슨과 미국의 물리학자 헨리(Joseph Henry, 1797~1878), 독일의 물리학자 키르히호프(Gustav Robert Kirchhoff, 1824~1887), 영국 물리학자 스토크스 경(Sir George Gabriel Stokes, 1819~1903)은 도체 내에서 전기 효과, 다시 말해서 전도와 전파 이론을 확장했다. 1856년에 베버와 같은 독일 물리학자인 콜라우슈(Friedrich Kohlrausch, 1840~1910)는 유전율과 투자율을 결정하고 이것은 빛의 속도와 같은 값을 가지며, 동시에 빛 속도와 같은 차원임을 밝혔다.

키르히호프는 1857년에 전기 교란은 도선의 표면을 광속도로 전파한다는 것을 설명하기 위하여 이 결과를 사용했다. 따라서 1860년에 이르러 광학과 전자기학의 연결은 분명해졌다. 빛과 전자기학의 연관성을 매듭짓는 마지막 단계는 맥스웰에 의해서 이루어졌는데, 이로써 고전 전자기학의 역사는 막을 내리게 된다. 또한 이 시기는 패러데이의 전자기 유도 현상을 실생활에 응용하려고 시도했는데, 이것이 바로 현재 발전기의 역사가 된 것이다. 1867년 지멘스(Werner Simens, 1816~1892)가 발전에 이용하는 영구 자석을 전자석으로 바꾸고자 시도했고, 더 나아가 지멘스와 그래미(Gramme, 1826~1901)가 발전기를 제작함으로써, 이들 이후에 본격적인 발전기의 개발과 더불어 대규모의 발전이 가능해졌다.

이야기를 맥스웰의 고전 전자기학 완성으로 돌려 보자. 자세한 이야기는 이 책 뒷부분 맥스웰 편의 「전자기 이론의 완성」에서 다루었으므로 여기서는 역사적 배경을 중심으로 간략하게 다루기로 한다(패러데이의 전자기 실험 연구 결과에서 결정적인 도움을 받은 맥스웰이 논문 「전자기장의 역학적 이론」을 발표함으로써 고전 전자기학 이론은 사실상 완성되었다). 자꾸만 맥스웰과 패러데이를 강조하는 것은 어쩌면 결과적으로 나타난 그들의 업적 때문일지도 모른다. 패러데이가 전자기 유도 법칙뿐 아니라 여러 전자기 현상을 설명하는 데 수학적인 해석보다는 다양한 실험에서 오는 경험적 직관을 사용했다. 이것은 패러데이가 정규 교육을 받지 못했기 때문이며, 수학을 싫어했기 때문이라기보다는 적절한 수학을 사용할 수 없었기 때문일 것이다. 이러한 성장 배경은 그의 과학적 탐구 열의를 방해하기보다는 오히려 어떤 현상을 설명하고 분석하는데, 실험적 직관력을 날카롭게 다듬었다. 패러데이의 직관을 가장 돋보이게 하는 것은 그가 전자기 현상을 설명하는 데 가상의 자기힘선 개념을 고안해 낸 것이다. 이 가상의 새로운 개념은 맥스웰에게 지대한 영향을 미쳐 결국 전자기학의 중요한 모든 법칙이 단 4개의 간단한 방정식으로 우리 앞에 나타난 것이다.

✻ 맥스웰의 기본 미분 방정식 ✻

$$\nabla \times \vec{E} = -\frac{\partial \vec{B}}{\partial t}$$ ……… 패러데이의 전자기 유도 법칙

$$\nabla \times \vec{B} = \mu_0 \epsilon_0 \frac{\partial \vec{E}}{\partial t}$$ …… 자기장의 시간 변화율과 전류밀도의 관계

$$\nabla \circ \vec{E} = \frac{\rho}{\epsilon_0} \quad \cdots\cdots \text{쿨롱의 법칙(가우스의 법칙)}$$

$$\nabla \circ \vec{B} = 0 \quad \cdots\cdots \text{전류 이외에 전기장의 샘(source)이 없다.}$$

위 식들을 봐서 알겠지만 정말 간단한 수학 암호문이다. 이 암호문 속에 장황하게 설명해야만 했던 이전의 모든 실험 현상이 들어 있다. 또한 이 식은 보기에 서로 비슷하게 생겼는데, 수학이라는 도구를 가지고 이리저리 범벅을 만들면 전혀 다른 또 하나의 암호가 생겨난다. 이것은 마치 진흙(수학화된 기본적인 물리 개념)을 가지고 도구로서 정교한 손(수학)으로 이리저리 다뤄 어떤 새로운 작품(새로운 물리 현상)을 만드는 것과 같다. 실제로 적절하게 수학을 사용하여 여러 가지 새로운 물리식을 유도했는데, 유도된 식으로부터 예상되는 현상을 실험을 통해서 확인하게 되었다. 19세기에 밝혀진 이러한 예로 빛이 전자기파의 일종이라는 것을 밝히고 전자파가 진공을 통해 전파될 때 빛의 속도로 전파되어 나감을 밝혔다. 그리고 여러 광학 현상, 즉 반사, 굴절, 간섭, 회절 현상이 보다 명확하게 밝혀졌으며, 이러한 사실로부터 19세기 전까지 광학과 전기, 자기는 서로 독립이었던 것이 서로 밀접한 관계가 있음을 알게 되었다. 실생활에도 맥스웰 암호문이 빠르게 응용되었는데 전자기파의 전파 현상을 적용하여 1895년에 마르코니(Marconi, 1874~1937)가 무선 전신 실험을 함으로써 현재의 정보 통신 시대가 탄생하게 되었다.

✷ 전자기학 이론의 응용 기술 ✷

볼타 전지의 발명은 전기 도금을 발전시켰는데, 그 특허는 1839년에 쾨니히스베르크의 칼 야코비(Karl Jacobi, 1804~1851)와 베를린의 베르너 지멘스가 얻었다. 1799년에 볼타가 발명한 최초의 전지는 안정성이 없어 믿을 수가 없었다. 처음으로 전기의 중요한 응용이 가능해진 것은 1836년에 런던 킹스 칼리지(King's college)의 존 다니엘(John Daniel)이 발명한 정상 전류를 일으키는 전지가 나온 후부터였다. 다니엘의 동료 휘트스톤은 그다음 해에 실용성이 있는 전신장치를 만들었는데, 그것은 다니엘이 발명한 전지를 전원으로 하고, 1825년 스터지온(Sturgeon)이 발명한 전자석을 기록장치로 이용했다.

육상의 전신은 그다지 새로운 문제를 일으키지는 않았다. 그러나 1850년에 이르러 칼레와 도버 사이에 해저 전선을 처음으로 부설하여 통신하고자 했을 때, 보내준 부호가 잘못되거나 비교적 전달이 늦어지는 문제가 생겼다. 이 문제는 글래스고 대학의 켈빈 경이 연구를 맡게 되었는데, 1855년에 그는 지상의 전신선과 해저 전선의 근본적인 차이는 바닷물이 도체로서 작용하는 데 반하여 공기는 전적으로 절연체로서 작용하는 데 있다는 것을 지적했다. 따라서 절연 물질로 피복한 해저 전선과 바닷물은 축전기를 형성하므로, 부호를 보냈을 경우에 한쪽 끝에서 비교적 서서히 하전되면서 다른 쪽 끝에서도 서서히 방전된다. 켈빈 경은 이 지체되는 정도를 되도록 줄이기 위해서는 두꺼운 절연 물질로 피복한 고전

도성의 굵은 전선에 소량의 전류를 흘려 줄 수밖에 도리가 없다고 주장했다. 약한 부호의 전류를 사용하면 그것을 구별하는 데 감도가 높은 기록장치가 필요하므로, 이 목적을 위해서 켈빈은 1858년에 거울 전류계를 설계했고, 1867년에는 자동 사이펀 기록기(siphon recorder)를 만들었다. 최초의 대서양 횡단 해저 전선은 1858년에 부설되었으나, 통신할 때마다 강한 부호의 전류를 흘려보냈기 때문에 겨우 700회의 통신 끝에 파괴되었다. 그래서 두 번째 해저 전선이 부설된 1866년에는 켈빈의 권고가 받아들여졌다.

미국의 전신은 영국에서의 발명보다 불과 1년 뒤인 1838년에 이미 시작되었다. 그것은 초상화가인 모스가 시작한 것으로, 지금까지 그의 이름으로 부르고 있는 모스 부호는 그가 그 통신을 위해 고안한 것이다. 또 자동통신 기록장치, 티커 테이프 머신(tiker tape machine)은 켄터키의 음악 교사인 휴즈에 의해 1854년에 발명되었고, 전화는 1876년에 벨과 에디슨이 고안한 것으로 명실상부한 미국의 발명이다.

발전기는 독일에서 먼저 전기 도금 공업에 원동력으로 사용하기 위해 발달했지만, 미국에서는 전등 때문에 발달했다. 전신은 다니엘 전지에 의한 소량의 전기로 충분히 가능했지만, 전기 도금 공업에는 대량의 전기가 필요해 막대한 양의 철사를 자기장 안에서 회전시키면 전류를 얻을 수 있다는 발표를 했다. 뒤이어 1840년에서 1865년에 이르기까지 전류를 발생하기 위해 여러 종류의 전자식 발전기가 만들어졌다. 이런 것들은 절연된 철사를 코일에 감아 그것이 강철로 되어 있는 영구 자석의 자기장 안에서 기계힘에 의해 회전하도록 만들어졌다. 그러나 이런 종류의 것들은 제아무리 좋은 영구 자석으로도 불충분하므로 대신에 발전기 자체에서 나오는 전류를 사용한 강력한 전자석을 사용하기 시작했다. 그 뒤부터 발전기는 모두 이 지멘스 모델을 채용하여 그 자체에서 발생하는 전류 가운데 일부를 써서 만드는 전자석을 사용했는데, 초기의 발전기에 비하면 월등히 효율이 높아 전기 공업 분야가 널리 발전되었다.

험프리 데이비는 두 자루의 탄소봉 극 사이에 전류를 통과시키면 굉장히 밝은 빛이 나오는 것을 발견했는데, 1850년대 이후 등대, 극장, 그 밖의 장소에서 탄소 아크등을 사용하는 커다란 조명 장치가 쓰였다. 여기에는 처음에 자석 발전 장치로, 나중에는 발전기로 전류가 공급되었다. 데이비는 또한 가느다란 백금선에 전류를 통하면 그보다는 덜 강렬한 빛을 내지만 공기 속에서는 당장 모조리 타버린다는 것도 발견했다. 1879년에 영국의 스완(Joseph Swan, 1828~1914)과 에디슨(Thomas Edison, 1847~1931)은 동시에 독자적으로 이 원리에 의한 전등을 생각했는데, 그것은 장시간에 걸쳐 그 기능이 지속되었다. 그러나 에디슨은 스완보다 한 걸음 더 나아가 실용적인 고안을 하고, 이 전등을 널리 사회적으로 이용하는 데 필요한 많은 장치를 만들었다. 뉴욕 근처 멘로 공원(Menlo Park) 연구소에서 에디슨은 다른 전등을 켰다 끄더라도 또 다른 전등은 일정한 밝기를 유지할 수 있는 정전압 발전기를 설계했으며, 전류의 배전을 위해 경제적인 삼선 방식을 생각하기로 했다. 1882년에 에디슨은 공공용 전력을 위해서 뉴욕에 최초의 발전소를 설립했고, 전기 조명용의 전기를 생산하기 시작했다.

1883년에 에디슨은 그가 발명한 전구가 사용하면 할수록 점점 더 어두워진다는 것을 알게 되었다. 그리고 그 까닭은 필라멘트에서 그 어떤 입자가 튀어나오기 때문일 것이라고 생각했다. 그래서 그는 전구 속에 금속판을 봉해 넣어 보았는데, 이 전구를 켜 놓으면 판이 점점 마이너스로 대전된다는 것을 알게 되었다. 그것은 금속판에 플러스의 전압을 걸어주면 전류가 흐르지만, 마이너스의 전압을 걸어주면 전류가 흐르지 않기 때문이었다. 에디슨 효과로 알려져 있는 이 현상은, 특히 1904년의 플레밍(Fleming)과 1906년의 리 드 포레스트(Lee de Forest) 등의 진공관에 의해 맥스웰이 예언하고 헤르츠가 실험적으로 발견한 전자파의 이용이 가능하게 되어 우선 처음에는 라디오 방송, 텔레비전 방송이 시작되고, 나중에는 원거리에 있는 사물의 전파탐지 방법으로도 쓰이게 되었다. 또한 진공관은 복잡한 전자공학적인 새로운 장치를 발전시켰는데, 특히 전자계산기는 인간 두뇌의 어떤 종류의 능력, 이를테면 기억이라든지 초보적인 판단이라든지 계산 능력이라든지 하는 능력을 갖춘 것까지 만들게 되었다.

○ 20세기 무렵의 서양 사회

1914년 이전 유럽인들은 자신들이 이루어 놓은 문명을 자랑하고 있었다. 과학 기술의 발전, 생활 수준의 향상, 사회 개혁, 민주정치 제도의 확대, 교육 기회의 일반화 등은 유럽인의 낙관적 분위기를 정당한 것으로 만들고 있었다. 또 하나 나폴레옹의 몰락 이후 근 백여 년 동안 유럽 전체가 대규모로 휘말린 전쟁이 없었다는 사실도 유럽인의 마음을 편안하게 만들어 주고 있었다.

그러나 외양과 달리 서구 문명은 내면적으로는 동요되고 있었다. 자유주의자들은 19세기 초 민족 국가의 수립이 유럽 평화를 가져다줄 것으로 믿었으나 1914년에 이르면서 정반대의 현상이 유럽을 뒤덮었다. 다시 말해서 민족주의의 열병은 전 유럽국가의 핵심 이념이 되어 다른 민족 국가를 이웃으로 바라보지 않고 경쟁자 또는 적으로 규정한 것이다. 여기서 사회적 다윈주의는 발열제로 훌륭하게 쓰였다. 이와 함께 유럽이 근대화와 더불어 지녀왔던 합리주의적, 계몽주의적 전통은 비합리주의, 본능과 의지를 내세우는 초인 철학자들의 공격을 받고 그 왕좌를 빼앗기게 되었다. 행동하는 젊음이 최상의 아름다움으로 평가되는 시기에 부르주아가 함양했던 전통 가치관은 연약하고 열등한 사람들의 가치로 전락한 듯했다. 영광스러운 삶을 위하여 영웅적인 행동을 칭찬하는 풍토는 전쟁을 멋있고 바람직한 일로 받아들이고 나날의 따분함에 지친 사람들을 모험의 길로 인도했다. 개인과 민족의 삶에 있어서 폭력은 개성의 표현으로 생각되어 독일 장군은 전쟁 시작 직전에 "설령 우리가 패배한다고 해도, 전쟁은 아름답다"라는 주문을 외우고 있었다. 발전된 무기는 인명의 살상이 쉽고 잔혹하게 만든 것이었으나 유럽인들은 전쟁을 낭만적 환상으로 꿈꾸었다. 감정이 이성을 제압하고 본능의 충동이 행위의 기초를 이루는 위험한 시기가 1914년 이전까지 점차 확산되고 있었다.

제1차 세계대전의 무서운 결과는 전쟁이 종결되기 이전에 이미 러시아에서 나타났다. 1917년 러시아의 혁명이 바로 그것이었는데 러시아 혁명은 두 단계로 나뉘어 발생했다. 1917년 3월 러시아는 전제 군주제 로마노프 왕조가 붕괴되면서 자유 민주주의 정부가 들어섰다. 그러나 새로운 정부의 지도력 부족, 전쟁의 패배, 러시아 국민 사이의 분열, 자유 민주정치에 대한 미숙함, 정부에 대한 뿌리 깊은 불신 등 여러 요인이 복합되어 러시아의 연약한 민주체제를 수립하게 되었다.

이 사건은 전 세계에 깊은 영향을 주었다. 강력한 전제국가로 인정받던 차르 체제가 대중의 지지를 받지 못하면서 일순간에 무너지자 국민 대중의 지지 없는 권력의 허약함이 드러나게 되었고, 민주정치 체제 역시 안정된 중산층 부재, 국민 통합의 미약, 자유의 전통 부재, 공적인 사항에 대하여 주인의식을 가지지 못한 국민들 사이에서는 발전하기가 어렵다는 점도 밝혀졌다.

전쟁이 끝난 이후 민주 정부 체제의 연약함은 분명한 사실로 판명되었다. 유럽의 이탈리아, 스페인, 독일이 민주체제를 포기하여 전체주의를 선택했고 이들 국가의 독재 권력은 대중 저항 독재국가의 모범을 보인 러시아 공산주의 체제를 복사했다. 19세기적 자유 민주주의는 영국에서조차 그 권위를 유지할 수 없었다. 바야흐로 새로운 시대가 도래하고 있었던 것이다.

자유주의자들은 제1차 세계대전을 민주체제 대 전체체제의 충돌로 이해하고 연합국의 승리가 민주체제의 발전을 가능하게 하리라고 예상했다. 전쟁이 끝난 직후 자유주의자들의 예상은 들어맞는 듯이 보였다. 그러나 20년이 채 안 되어 유럽에서 민주체제는 사망 선고를 받고 있었다. 스페인, 이탈리아, 독일, 중동부 유럽의 신생국가 중 민주체제의 실패와 전체체제의 성공은 이탈리아와 독일에서 가장 현저했다.

전체 사회의 대두는 자유주의 사회가 해체되어가는 과정을 보여주고 있었다. 세계대전의 점화 이후 파시즘의 대두는 분명히 정신적 공허감, 경제 파탄, 정치 불안감을 대변하고 있었고 이는 소비에트 볼세비키 혁명이 자국에서도 발생할지도 모른다는 두려움의 산물이었다. 또한 산업 사회가 초래한 변화에 대하여 자유 민주체제가 적절하게 대응하지 못했던 것에 대한 책망이기도 한 것이 파시즘의 대두였다.

파시스트들은 자유 민주사회가 무기력하며, 영혼이 없다고 비판했다. 이들은 파시즘이 인간에게 새로운 활기를 더해 주며 높은 인간성을 증명한다고 믿었다. 위기의 시기에 민주체제의 의회정치는 말장난의 유희로 생각되었고, 과정을 중시하는 민주사회의 모습은 비합리적인 것으로 생각했다.

따라서 파시스트의 공감자들은 자유, 민주체제는 소멸되어 가고 파시스트의 세계가 도래하리라고 믿었다. 파시스트에 대한 기대는 더욱 확산되었다. 히틀러는 권력을 잡기 이전에도 이미 유럽 대륙에 거대한 독일 제국을 세우겠다는 야심을 품고 있었다. 우월한 민족으로서 독일 민족은 그에 합당한 생활공간이 필요하며, 이를 확보하기 위해 열등한 슬라브 민족의 땅을 차지하는 것은 정당하다는 것이 그의 생각이었다. 만약 열등 민족이 독일의 요구에 응하지 않으면 전쟁으로 정복한다는 것이 히틀러의 논리였다.

제1차 세계대전의 경우, 전쟁의 책임이 어느 나라에 있는가를 살필 때 독일의 잘못이었다고 평가하는 것은 연합국의 견해일 뿐이고, 영국에 책임을 묻는 다른 견해들도 설득력을 가지고 있다. 그러나 제2차 세계대전의 책임이 히틀러에게 있다는 주장은 다른 주장을 압도한다. 분명 유럽의 정치가들은 히틀러가 평화를 위협하며 전쟁을 열망하고 있다는 사실을 알고 있었다. 그러나 이들은 히틀러가 유럽 문명을 파괴하고 유린하도록 방치했다. 그러므로 이 점에서 볼 때 서구의 모든 나라가 전쟁의 공범 또는 방조자였던 것이다.

베르사유 체제가 주도한 자유 민주주의 체제가 1930년대에 퇴조하고 전체주의 국가가 수립되는 과정에서 각국은 군비를 증강하고 평화를 지키려는 노력 대신에 전쟁의 대비에 더 큰 관심을 보였다. 인류의 역사를 돌아보건대 비축했던 무기를 그대로 녹슬게 한 경험은 없었고, 인간은 이성적 동물이라는 확신이 없어진 상황이 바로 1930년대 유럽의 정신적 풍토였다. 야성이 이성을 지배하고 본능과 의지가 기존 도덕과 윤리를 무시하는 이때의 상황은 제1차 세계대전의 분위기보다 더욱 심각했다.

이러한 결과, 제2차 세계대전의 참혹함은 문자 그대로 인류 역사상 전무후무한 비극을 초래했고 서구 문명에 깊은 좌절감을 안겨주었다. 세계의 주도권은 이제 유럽을 떠나 동쪽은 소비에트, 서쪽은 미국이 장악하게 되었고 새로운 20세기의 역사가 제2차 세계대전으로 시작되었다. 세계가 동서 양대 진영으로 갈리게 된 것이다.

이러한 양대 분할은 1990년대 초 러시아(구소련)의 사회주의 체제가 몰락할 때까지 지속되었으며, 한편으로 20세기 들어 급격하게 발전한 과학, 기술은 1968년 미국의 아폴로 11호가 달나라를 탐사함으로써 본격적인 우주 시대를 맞이하게 되었다. 그러나 과학 기술의 발달과 응용을 통한 미지의 세계인 우주를 개척한다는 긍정적인 면과 함께 양대 강대국의 군사력 증강에 따른 약소국의 환경, 국지전 위협 등이 문제점으로 대두되기 시작했다.

○ 20세기의 전자기

20세기의 전기, 자기는 이제 독립되어 있는 현상이 아니라 복합적인 응용 학문으로 발전했다. 1891년 스토니(Stoney, 1826~1911)가 전자(electron)라는 말을 처음 사용한 이래 현재는 첨단 전자 시대를 살아가고 있다. 1897년 영국의 톰슨 경(Sir Joseph John Thomson, 1856~1940)이 전자의 기초 개념을 수립한 이후 더 이상의 순수한 전자기 현상 발견은 없었다. 전자의 시대가 열리면서 전기와 자기에 관한 신비들이 하나하나 벗겨지기 시작했고 바야흐로 전자기 응용 시대가 된 것이다. 앙페르, 패러데이, 맥스웰로 이어지는 전자기 이론의 연구에서 응용은 과학자들이 상상도 못한 엄청난 변화를 가져왔다. 전자기의 발달은 우선 인류의 문화생활에 커다란 변화를 가져왔는데 그중 대표적인 것으로 일상생활에서의 전기 에너지를 들 수 있다. 우리는 이제 전기가 없는 생활은 상상할 수가 없게 되었다.

19세기 말 맥스웰의 고전 전자기 이론의 완성으로 사실상 외형적(거시적)으로 나타나는 전자기 현상에 관한 것은 해결되었다고 볼 수 있다. 스웨덴의 발명가 아들인 노벨(Alfred Bernhard Novel, 1833~1896)이 다이너마이트를 발명한 후 막대한 이익금을 투자하여 노벨상을 만들었다. 노벨상 수상은 1901년 12월에 최초로 수여되었으며, 매년 수상자를 선정하여 상을 주었다. 전자기 분야는 노벨 물리학 분야에 포함되어 획기적인 발견 또는 발명과 인류에 지대한 영향을 미치는 연구에 상을 주었다. 제1회 노벨 물리학 수상은 X선을 발견한 뢴트겐(Wilhelm Conrad Röntgen)이 받았다.

맥스웰의 전자기 이론에서 전자기장이 빛과 연관되어 있다는 것을 예견한 이후 자기장이 빛과 연관성이 있음을 제만(Pieter Zeeman, 1865~1943)과 로렌츠(Hendrik Antoon Lorentz, 1853~1928)가 실험과 이론을 통해 밝혀냈다. 1845년 패러데이는 평면 편광선이 빛의 방향에 대한 성분을 가지고 있고 자기장 내에 위치하고 있는 등방성의 투과 물질을 통과할 때 진동하는 면이 회전하는 현상—패러데이 효과—을 발견했다. 그리고 1875년에 전자석을 광택이 나도록 잘 연마하여 평면 편광선을 반사하면 반사된 빛이 타원형으로 편광되는 커 효과(Kerr effect)가 발견되었다. 이러한 빛에 대한 전자기장 방향이 알려지던 가운데 1896년 제만은 나트륨 불꽃의 스펙트럼을 로랜드 격자를 가지고 관찰한 결과, 나트륨 불꽃의 스펙트럼선이 갈라지는 원인이 강한 자기장의 영향 때문이라는 것을 발견하게 되었다. 다시 말해서 자기장 내의 원자가 복사할 때 전자의 영향으로 스펙트럼선의 갈라짐을 만들고, 스펙트럼선의 갈라짐 간격은 자기장의 세기에 의존한다.

제만 효과(Zeeman effect)라고 부르는 이 현상의 물리적 중요성은 라머가 원자를 복사체로 가정했던 것과는 다르게 전자가 복사체임을 실험으로 밝혀낸 것이다. 이 제만의 실험 결과를 포함하여 물질에 대한 전자 이론을 완성한 로렌츠는 제만 효과의 이론적인 설명으로 제만과 함께 1902년 노벨 물리학상을 수상하는 영광을 누렸다.

1905년 음극선에 관한 연구로 노벨 물리학상을 받은 필립 레나드(Philip Lenard, 1862~1947)는 음극선 연구 외에도 자기장을 측정하는 기구와 불꽃의 전기적 특성 연구 등 전자기에 관련된 많은 연구를 했다. 레나드에 이어 캐번디시 연구소의 톰슨 경이 1906년 노벨상을 받았다. 톰슨은 1897년에 실험을 통해 음극선이 음전기의 입자임을 밝혀내고 전자의 기초 개념을 만들었다. 또한 전자의 e/m을 측정하여 전자의 증명을 확실하게 밝혀냈다. 이로부터 20세기는 본격적으로 전자 시대를 맞게 된 것이다.

20세기 과학이 만들어 놓은 사회의 가장 큰 변화로 통신과 영상 매체의 출현을 꼽을 수 있다. 물론 이러한 것들은 19세기 동안 축적해 오던 전자기의 이론과 실험 결과로부터 나온 것이다. 앞서 이야기한 대로 무선전신에 관해서는 맥스웰의 이론으로부터 헤르츠의 실험을 거쳐 초보적인 사회 응용은 마르코니에 의해서 완성되었다. 20세기 초인 1902년에 대서양을 가로지른 무선전기 통신을 설립하고, 1904년에 횡단 정기 여객선에 매일 뉴스를 제공할 정도로 무선 통신은 빠르게 사회에 파고들었다. 이와 더불어 독일의 물리학자인 브라운(Carl Ferdinand Braun, 1850~1918)은 무선 전신에 관한 연구 끝에 1897년에 브라운관을 발명했다. 이 브라운관은 형광 스크린에 좁은 음극선들이 백열반점으로 찍혀 나타나게 하는 음극선관으로 현재의 TV 브라운관 전신이다. 브라운은 무선 전신에 정성어린 연구로 온 정열을 바쳤으며, 끝내는 이러한 브라운의 업적을 세계가 인정하게 되어 1909년 마르코니와 공동으로 무선 전신 개발 연구로 노벨 물리학상을 수상하게 되었다.

마르코니와 브라운의 노벨상 수상 이후 최근에 이르기까지 전자기 관련 연구로 노벨 물리학상을 받은 과학자는 30여 명에 이른다. 이후 현재까지 전자기의 산업 또는 사회응용은 전성기를 맞게 되었고, 아직도 우리가 감히 상상할 수도 없는 새로운 현상들이 미래의 우리를 맞이하게 될 것이다.

* 서양 사회의 시대적인 배경은 글쓴이의 한계를 인정하며 쉽게 내용이 잘 다듬어진 구학서 편저 『이야기 세계사』 내용 가운데 일부분을 참조, 발췌했음을 밝혀둔다.

몸글 둘째 마당

: 전자기 연구의 스승

William Gilbert, 1540~1603

◆ 전자기 연구의 시초 ◆

길버트

현대 자연과학 연구의 선구자 길버트. 우리는 뉴턴이나 베이컨, 갈릴레오, 케플러 등 교과서에 자주 등장하는 인물들은 잘 알아도 자연과학을 연구하는 데 가장 원론적인 방법론을 제시한 길버트에 대해서 알고 있는 사람들은 거의 없다. 어찌 보면 과학사에 큰 의미가 없는 인물일지도 모르지만 적어도 전기나 자기학을 최초로 실험 과학 연구 방법론으로 제시한 길버트에 대해서 한 번쯤은 생각해 볼 필요가 있다.

생애

　윌리엄 길버트는 1540년 5월 24일 영국의 에식스(Essex) 지방에 있는 콜체스터(Colchester)에서 태어났다. 길버트는 콜체스터에서 기록사(recorder)인 아버지(Hierome Gilbert)의 다섯 아들 가운데 장남이며, 고대 Suffolk 가문 태생이다. 마을 학교에서 초등교육을 마친 후, 1558년에 케임브리지(Cambridge)에 있는 케임브리지 세인트 존스 대학(St. John's College)에 들어가 11년 동안 이곳에서 공부했다. 1560년에 학사 학위를 받은 후, 다음 해 특별연구원(fellow)에 뽑혀 연구와 함께 석사 학위를 받기 위해 계속 공부해서 1564년에 학위를 받았다. 길버트가 과학에 흥미를 갖기 시작한 것이 이 시기쯤으로 추정되며, 기록에 의하면 1565년에 수학 시험관으로 임명되고 나서 의학 공부로 방향을 돌렸다. 4년 후인 1569년에 의학 연구로 박사 학위를 받음과 동시에 모교 케임브리지 세인트 존스 대학의 최고 학년의 특별 연구원(senior fellow)으로 뽑혔다.

　길버트는 학위를 받은 후에 짧은 기간 동안 케임브리지를 떠나 이탈리아를 포함한 유럽 대륙을 여행했다. 정확한 근거 자료는 없지만 길버트의 이 여행은 유럽 대륙의 대학들로부터 의학 박사 학위(the Degree of Doctor of Physic)를 받기 위한 것으로 추정되며, 이 기간 동안에 나중에 그와 서신을 교환했던 몇 명의 학자들과 친분 관계를 맺었을 것으로 추정된다. 길버트는 대륙 여행을 마치고 영국으로 돌아온 후 1576년경 의과 대학으로 자리를 옮겨 1581년에서 1590년까지 학생 감독관(현재 대학의 학생처장) 직책을 역임했다. 길버트는 또한 이 대학에서 1587~1592년, 1597~1599년까지 두 번에 걸쳐 학장을 역임했으며, 동시에 이 기간 동안 회계원 생활도 겸했다. 1589년에는 이 대학이 착수한 Pharmacopoeia Londinensis의 준비를 지휘 감독하기 위해 만든 위원회에서 일을 하기도 했는데, 이 Pharmacopoeia Londinensis는 길버트가 세상을 떠난 지 15년이 지난 1618년이 되어서야 비로소 그 모습을 드러냈다.

길버트는 또한 당시 유명한 의사였기 때문에 영국 왕실과도 인연을 맺었다. 1601년에 엘리자베스(Elizabeth) 여왕은 길버트를 왕실로 불러들여 가족들의 건강을 돌보도록 왕실 의사로 임명했다. 길버트가 왕실 의사에 임명된 얼마 후 엘리자베스 여왕이 세상을 떠났는데, 이 여왕은 자신의 개인 유산을 길버트에게 물려주어 그가 연구를 계속하게끔 배려했다고 한다. 엘리자베스 여왕의 뒤를 이은 제임스 1세(James I)도 길버트를 왕실 의사로 재임명했으나, 길버트는 당시에 유행하던 흑사병에 걸려 1603년 11월 30일 조용히 눈을 감고 콜체스터에 있는 성 트리니티(Holy Trinity) 교회 묘지에 묻혔다. 길버트는 자신의 과학 도서들과 실험 기구들을 의과 대학에 기증했으나, 1666년에 런던 곳곳에서 발생한 대화재 때 모두 불타 없어져 지금은 길버트에 대해 남아 있는 것이 거의 없다.

과학자 길버트

길버트는 의사로서 대단한 명성을 얻는 동시에 물리학, 화학, 천문학에 정통한 과학자로 알려지기 시작했다. 케임브리지 세인트 존스 대학을 졸업하고 의학을 공부하기 전에 기초 과학을 배우면서 과학에 흥미를 갖고 틈틈이 연구했던 것으로 알려져 있다. 길버트는 영국에서는 처음으로 지동설을 주장한 코페르니쿠스의 견해를 옹호한 것으로 전해진다. 그리고 항성은 모두 지구로부터 같은 거리에 위치하지 않는다는 자신의 견해를 주장했던 것으로 알려져 있다. 다른 한편으로는 실용 과학 기술에도 관심을 가졌던 것으로 전해지는데, 천문학 연구를 바탕으로 항해술에 편리한 기구를 만들었다. 이 기구는 선원들이 태양, 달, 별을 보지 않고도 항해하는 데 필요한 위도를 쉽게 발견할 수 있는 장치였다.

그러나 길버트를 유명한 과학자라고 부를 수 있는 중요한 근거는 1600년에 책을 출판함으로써 세상에 알려졌기 때문이다. 『자기에 관하여(De Magnete)』라고 제목을 붙인 이 책이 출판되자마자 길버트는 유럽의 과학자 사이에서 주목을 받게 되고 과학자로서의 명성도 순식간에 널리 퍼졌다. 길버트는 당시 유럽에서 과학을 연구하는 사색적이고 사변적인 방법을 피하고, 대신에 조직적이고 체계적인 실험과 현상을 관찰하는 보다 과학을 올바르게 연구하는 방법을 사용한 최초의 과학자이기도 하다. 이러한 연구 방법과 길버트의 책은 그 당시의 과학자들뿐만 아니라 그 후의 후배 과학자들에게도 많은 영향을 미쳤다. 이런 과학자 가운데에는 아주 유명한 업적을 남긴 케플러(Johannes Kepler, 1571~1630)와 갈릴레오(Galileo Galilei, 1564~1642)도 있다. 케플러는 천체 물리학을 연구하는 데 별들의 운동을 관찰하고 자료를 체계적으로 분석하여 케플러 법칙을 만들었으며, 갈릴레오는 길버트의 책을 읽은 후 자기에 대해서 연구했다. 당시의 유명한 철학자이자 과학자였던 베이컨(Francis Bacon, 1561~1626)은 길버트의 이러한 연구 방법을 못마땅하게 생각했지만, 길버트를 실험가적인 철학자로 부르며 칭찬을 아끼지 않았다고 한다.

길버트는 런던에 있는 자기 집에 상당히 많은 책, 기구, 광물들을 가지고 있었으며, 많은 사람들과 과학 문제에 대해 토론하는 것을 즐겼다. 이러한 토론 모임은 발전하여 한 달에 한 번씩 정규 모임을 갖는 일종의 학회를 형성하게 되었는데, 이것은 길버트의 죽음 이후 영국 런던에 만들어진 왕립 학회의 전신적인 역할을 했다. 길버트는 이 모임에서 주도적인 역할을 했고, 과학 연구에도 상당히 열성적이었던 것으로 알려진다. 그러나 길버트의 갑작스러운 죽음은 이러한 그의 연구 활동을 정리할 시간을 주지 못했다. 이런 책 가운데 가장 대표적인 것이 길버트가 죽은 후 동생에 의해서 출판된 기상학 주제를 다룬 『De Mundo Nostro Sublunari Philosophia Nova』라는 책이다.

『자기에 관하여』주요 내용

원제목: 『De Magnete Magneticisque Corporibus et de Magno Magnete Tellure Physiologia Nova』(영역: On the Loadstone and Magnetic Bodies and on the Great Magnet the Earth)

전기, 자기의 역사뿐 아니라 과학사에서 매우 중요한 의미를 갖고 있는 길버트의 『자기에 관하여』라는 책 내용을 간략하게 소개했다. 또한 이 책의 특징을 이해하는 데 도움이 될 만하다고 생각되는 영역 차례(contents)와 머리말(preface)을 그대로 실었다. 참고로 이 영역판은 P. Fleury Mottelay 가 영역한 것으로 1952년 시카고 대학교에서 출판된 것임을 밝혀둔다.

contents

PREFACE

BOOK1

CHAP.

1. Writings of ancient and modern authors concerning the loadstone : various opinions and delusions

2. The loadstone ; what it is ; its discovery

3. The loadstone possesses parts differing in their natural powers, and has poles conspicuous for their properties

4. Which pole is the north : how the north pole is distinguished from the south pole

5. One loadstone appears to attract another in the natural position ; but in the opposite position repels it and brings it to rights

6. The loadstone attracts iron ore as well as the smelted metal

7. What iron is; what its matter ; its use

8. In what countries and regions iron is produced

9. Iron ore attracts iron ore

10. Iron ore has and acquires poles, and arranges itself with reference to the earth's poles

11. Wrought—iron, not magnetized by the loadstone, attracts iron

12. A long piece of iron, even not magnetized, assumes a north and south direction

13. Smelted iron has in itself fixed north and south parts, magnetic activity, verticity, and fixed vertices or poles

14. Of other properties of the loadstone and of its medicinal virtue

15. The medicinal power of the iron

16. That loadstone and iron ore are same, and that iron is obtained from both, like other metals from their ores ; and all magnetic properties exist, though weaker, both in smelted iron and in iron ore

17. That the terrestrial globe is magnetic and is a loadstone ; and just as in our hands the loadstone posses all the primary powers (forces) of the earth, so the earth by reason of the same potencies lies ever in the

same direction in the universe

BOOK 2

CHAP.

of the earth and the terrella

15. The magnetic forth imparted to iron is more apparent in an iron rod, than in an iron sphere, or cube, or iron of any other shape

16. That motion is produced by the magnetic force through solid bodies interposed: of the interposition of a plate of iron

17. Of the iron helmet (cap) of the loadstone, where with it is armed at the pole to increase its energy ; efficiency of the same

18. An armed loadstone does not endow with greater force magnetized iron than does an unarmed one

19. That union is stronger with an armed loadstone: heavier weights are thus lifted: the coition is not stronger, but commonly weaker

20. That an armed magnet lifts another, and that one a third: this holds good though there be less energy in the first

21. That when paper or other medium is interposed, an armed loadstone does not lift more than one unarmed

22. That an armed loadstone does not attract iron more than an unarmed one ; and that the armed stone is more strongly united to the iron, is shown by means of an armed loadstone and a cylinder of polished iron

23. The magnentic force makes motion toward union, and when united connects firmly

24. That iron within the field of a loadstone hangs suspended in air, if on account of a loadstone hangs suspended in air, if on account of an obstacle it cannot come near

25. Intensifying the loadstone's forces

26. Why the love of iron and loadstone appears greater than that of loadstone and loadstone, or iron and iron when nigh a loadstone and within its field

27. That the centre of the magnetic forces in the earth is the centre of the earth ; and in the terrella the terrella's centre

28. That a loadstone does not attract to a fixed point or pole only, but to every part of a terrella, except the equinoctial circle

29. Of difference of forces dependent on quantity or mass

30. The shape and the mass of an iron object are important in magnetic coitions

31. Of oblong and round stones

32. Some problems and magnetic experiments on the coition, and repulsion, and regular movement of magnetic bodies

33. Of the difference in the ratio of strength and movement of coition within the sphere of influence

34. Why a loadstone is of different power in its poles as well in the north as in the south regions

35. Of a perpetual—motion engine actuated by the attraction of a loadstone, mentioned by authors

36. How a strong loadstone may be recognized

37. Uses of the loadstone as it affects iron

38. Of the attractions of other bodies

9. Directional figures showing the varieties of rotation

10. Of the mutation of verticity and magnetic properties, or of the alteration of the force awakened by the loadstone

11. Of friction of iron with the mid parts of a loadstone between the poles, and at the equinoctial circle of a terrells

12. How verticity exists in all smelted iron not excited by the loadstone

13. Why no other bodies save the magnetic are imbued with verticity by friction with a loadstone ; and why no body not magnetic can imparts and awaken that force

14. The position of a loadstone, now above, anon beneath, a magnetic body suspended in euilibrium, alters neither the force nor the verticity of the magnetic body

15. The poles, equator, centre, are permanent and stable in the unbroken loadstone, when it is reduced in size and a part taken away, they vary and occupy other positions

16. If the south part of a loadstone have a part broken off, somewhat of power is taken away from the north part also

17. Of the use of roary needles and their advantages ; how the directive iron rotary needles of sun-dials and the needles of the mariner's compass are to be rubbed with loadstone in order to acquire stronger verticity

BOOK 4

meridian to the point toward which the needle turns

BOOK 5

CHAP.

its uses

BOOK 6

CHAP.

5. Arguments of those who deny the earth's motion, and refutation thereof

6. Of the cause of the definite time of the total revoution of the earth

7. Of the earth's primary magnetic nature whereby her poles are made different from the poles of the ecliptic

8. Of the precession of the equinoxws by reason of the magnetic movement of the earth's poles in the arctic and antarctic circle of the zodiac

9. Of the anomaly of the precession of the equinoxes and of the obliquity of the zodiac

　앞의 차례를 보면 알 수 있듯이, 이 책은 모두 6권으로 짤막하게 구성되어 있다. 과학사에서 갖는 이 책의 중요한 의미는 길버트 이전까지 알려져 오던 신비적인 내용을 과감하게 탈피하여, 자신이 고안해낸 실험들과 실험 결과로 나오는 현상들을 실제적으로 관찰하여 사실적인 내용을 다룬 최초의 전문 과학 서적이라는 점이다. 따라서 이 책은 정전기뿐 아니라 자기 현상을 체계적으로 깊이 있게 정리하고 학문으로 다룬 최초의 책이기도 하다. 그러나 과학사상의 시대 흐름 속에서 그 당시 가장 강력하게 작용하던 아리스토텔레스 학파의 영향이 책 내용 전반에 걸쳐 곳곳에 남아 있는 점으로 미루어 볼 때, 근대 과학으로 넘어가는 과정에 있는 책이라고 봐야 할 것이다. 이 책 내용의 한계가 분명히 있음에도 불구하고, 과학을 연구하는 방법이나 서술하는 방법이 길버트 시대에는 상당히 파격적인 일이었으며, 또한 과학사의 흐름을 가속화한 서적임은 틀림없다.

길버트에 대해서 본격적인 연구를 한 지젤(Zilsel)은 길버트의 이러한 연구 태도는 그 당시 영국의 자본주의 성장과 관계가 있음을 주장했다. 다시 말해서 길버트의 실험적이고 객관적인 연구 태도는 후기 르네상스의 형이상학적인 사상들로부터 직접적인 영향을 받은 것이라고 보기 어려우며, 페레그리누스를 제외하고 자기학을 연구하는 학자적 전통과도 연관이 없다. 보다 근본적인 원인이라면 당시 자본주의의 급속한 성장과 함께 대두되던 상급 기술자 계층, 특히 광산, 주조 기술자들과 항해 기술자들로부터 영향을 받았기 때문이라고 주장했다. 길버트는 지구가 커다란 하나의 구형자석이라고 단정 짓고, 자신의 실험 연구를 진행하는 데 천연 자석을 공 모양으로 깎아 사용했다. 길버트가 주로 사용한 구형자석들은 작은 지구라는 뜻의 'terrella' 또는 'microge'라고 이름을 붙였고, 구형이 가장 완벽한 형태이며 실험 목적에도 가장 적합하다고 주장했다. 길버트는 지구가 자기 성질을 갖는 것에 너무 집착한 나머지 같은 부피라면 양극 방향으로 길쭉한 막대자석과 같은 형태가 자기힘이 더 강하게 작용한다는 것을 알고 있었지만, 지구 모양을 한 'terrella'와 같은 구형 자석만이 '지구의 참되고 균질한 자식(true homogeneous offspring of the earth)'이라고 했다. 길버트는 주로 자기 현상을 관찰하고 연구하는 데 나무 그릇 실험(wooden—vessel experiment)과 베소리움(versorium) 실험을 적절하게 사용했다. 이 나무 그릇 실험은 작은 구형자석인 'terrella'를 나무 그릇에 담아 큰 물통 속에 띄워 마찰을 최소화하고, 나무의 부력을 최

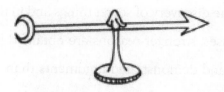

그림 1 | 베소리움

대한 이용해 자석의 끌어당기는 힘, 밀어내는 힘, 자축(magnetic axis)의 방향, 방위각(Variation), 복각 (Declination), 회전 운동 등을 쉽게 볼 수 있는 방법이었다. 또한 베소리움 실험은 자침을 이용한 일종의 작은 나침반으로 'terrella'의 양극과 적도, 자오선(meridians)을 결정하는 데 사용했을 뿐만 아니라 'terrella' 위에서 복각, 방위각을 보이는 데 쓸모 있는 실험 도구였다. 이러한 실험 방법들은 길버트의 독창적인 생각으로 나타난 것은 아니며, 이미 13세기 때 페레그리누스가 사용한 방법을 이용하면서 나타나는 현상을 보다 세밀하게 관찰하고 연구한 것이다.

다음의 머리말은 이 책에 대한 길버트의 생각을 잘 요약한 것 같아서 참고로 실었다.

PREFACE

TO THE CANDID READER, STUDIOUS OF THE MAGNETIC PHILOSOPHY

SINCE in the discovery of secret things and in the investgation of hidden causes, stronger reasons are obtained from from sure experiments and demonstrated arguments than from probable conjectures and the opinions of philosophical speculators of the common sort ; therefore to the end that the noble substance of that great loadstone, our common mother (the earth), still quite unknown, and also the forces extraordinary and exalted of this globe may the better be understood, we have decidid first to begin with the common stony and ferruginous matter, and magnetic bodies, and the parts of the earth that we may handle and may perceive with the senses ; then to proceed with plain magnetic experiments, and to penetrate to the inner parts of the earth. For after we had, in order to discover the true substance of the earth, seen and ex amined very many matters taken out of lofty mountains, or the depths of seas, or deepest caverns, or hidden mines, we gave much attention for a long time to the study of magnetic force—wondrous forces they, surpassing the powers of all other bodies around us, though the virtues of all things dug out of the earth were to be brought together. Nor did we find this our labour vain or fruitless, for every day, in our experiments, novel unheard of properties came to light: and our philosophy became so widened, as a result of diligent research, that we have attempted to set forth, according to magnetic principles, the inner constitution of the globe and its genuine substance, and in true demonstrations and in experiments that appeal plainly to the senses, as though we were pointing with the finger to exhibit to mankind earth, mother of all.

And even as geometry rises from certain slight and readily understood foundations to the highest and most difficult demonstrations, whereby the ingenious mind ascends above the aether: so does our magnetic doctrine and science in due order first show forth certain facts of less rare occurrence ; from these proceed facts of a more extraordinary kind ; at length, in a sort of series, are revealed things most secret and privy in the earth, and the causes are recognized of things that, in the ignorancs of those those of old or through the heedlessness of the moderns, were unnoticed or disregarded. But why should I, in so vast an ocean of books whereby the minds of the studious are bemuddled and vexed—of books of the more stupid sort whereby the common herd and fellows without a spark of talent are made intoxicated, crazy, puffed up ; and are led to write numerous books and to profess themselves philosophers, physicians, mathematicians, and astrologers, the while ignoring and contemning men of learning—why, I say, should I add aught further to this confused world of writings, or why should I submit this noble and (as comprising many things before unheard of) this new and inadmissible philosophy to the judgment of men who have taken oath to follow the opinions of others,to the most senseless corrupters of the arts, to lettered clowns, gram atists, spouters, and the wrong headed rabble, to be denounced, torn to tatters and heaped with contumely. To you alone, true philosophers, ingenuous minds, who not only in books but in things themselves look for knowledge, have I dedicated these foundations of magnetic science—a new style of philosophizing. But if any see fit ot to agree with the opinions here expressed and not to accept certain of my paradoxes, still let them note the great multitude of experiments and philosophy to flourish ; and we have dug them up and demonstrated them with much pains and sleepless nights and great moey expense. Enjoy them you, and, if ye can, employ them for better purposes. I know how hard it is to impart the air of newness to what is old, trimness to what is gone out of fashion ; to lighten what is dark ; to make that grateful which excites disgust ; to win belief for things doubtful ; but far more difficult is it to win any standing for or to establish doctrines that are novel, unheard—of, and opposed to everybody's opinions. We care

80

naught, for that, as we have held that philosophy is for the few.

We have set over against our discoveries and experiments larger and smaller asterisks according to their importance and their subtility. Let whosoever would make the same experiments handle the bodies carefully, skilfully, and deftly, not heedlessly and bunglingly ; when an experiment fails, let him not in the ignorance condemn our discoveries, for there is nought in these books that has ot been investigated and again done and repeatedun under our eyes. Many things in our reasonings and our hypotheses will perhaps seem hard to accept, being at variance either the general opinion ; but I have no doubt that here—after they will win authoritativeness from the demonstrations themselves. Hence the more advanced one is in the science of the loadstone, the more trust he has in the hypotheses, and the greater the progress he makes ; nor will one reach anything like certitude in the magnetic philosophy, unless all, or at all events most, of its principles are known to him.

This natural philosophy (physiologia) is almost a new thing, unheard of before ; a very few writers have simply published some meagre accounts of certain magnetic forces. Therefore we do not at all quote the ancients and the Greeks as our supporters, for neither can paltry Greek argumentation demonstrate the truth more subtilly nor Greek terms more effectively, nor can both alucidate it better. Our do trine of the loadstone is contradictory of most of the principles and axioms of the Greeks. Nor have we brought into this work any graces of rhetoric, any verbal ornateness, but have aimed simply at treating kotty questions about which little is known in such a style and in such terms as are needed to make what is said clearly intellgible. Therefore we sometimes employ words new and unheard of, not (as alchemists are wont to do) in order to veil things with a pedantic terminology and to make them dark and obscure, but in order that hidden things with no name and up to this time unnoticed may be plainly and fully published.

After the magnetic experiments and the account of the homogenic parts of the earth, we proceed to a consideration of the general nature of the whole earth ; and here we decided to philosophize freely, as freely, as in the past the Egyptians, Greeks, and Latins published their dogmas; for very many of their errors have been handed down from author till our own time ; and as our sciolists still take their stand on these foundations, they continue to stray about, so to speak, in perpetual darkness. To those men of early times and, as it were, first parents of philosophy, to Aristotle, Theophrastus, Plotemy, Hippocrates, Galen, be due honour rendered ever, for from them has knowledge descended to those that have come after them :

but our age has discovered and brought to light very many things which they too, were they among the living, would cheerfully adopt. Wherefore we have had no hesitation in setting forth, in hypotheses that are provable, the things that we have through a long experience discovered. Farewell.

O De Magnete 주요 내용

1권의 주요 내용은 고대로부터 내려오고 있던 자석, 자성체에 관한 여러 학설을 신랄하게 비판하면서 길버트 자신의 철학, 즉 자기 철학(magnetical philosophy)을 설명하고 자신의 논리를 합리화하고자 한 것이다. 길버트는 당시에 널리 퍼져 있던 여러 미신적인 이야기를 신랄하게 비판했다. 예를 들면 자석과 호박(amber)의 자기힘과 정전기힘에 따른 끌어당기는 힘을 설명하는데, 연금술적인 신비주의를 내세워 설명하던 사이비 학자들을 '기적 장사꾼(miracle-mongers)'이라고 멸시했다. 이러한 기적 장사꾼들은 자기힘과 정전기힘에 대하여 고대로부터 전해 내려오는 미신적인 측면을 부각시켜 "마늘로 문지른 자석은 끌어당기는 힘을 잃어버린다", "지나가는 배의 못을 모두 뽑을 수 있는 강력한 자석섬이 있다", "자석을 몸에 지니고 있으면 요괴가 접근하지 못한다" 등등의 황당무계한 이야기들을 널리 퍼뜨려 왔다. 길버트는 이러한 연금술적인 신비주의자들의 경향을 강력하게 비판하면서, 자신은 자기를 연구하는데 자신의 눈

앞에서 여러 번의 실험을 거쳐 확인된 사실만을 분명하고 알기 쉬운 방법으로 나타내었음을 주장했다. 2권의 주 내용은 자성체의 서로 끌어당기는 힘(Coition) 운동이지만 짧게 정전기 현상과 자기 현상을 비교 구분해 놓았다. 길버트는 여기서 전기 현상과 자기 현상을 명확하게 구분했다. 길버트는 전기와 자기 현상은 각각의 근본적인 원인이 다르기 때문에 많은 차이가 있다고 보았다. 자기의 끌어당기는 힘은 고귀하고, 강력하며, 항상 작용하고, 차단되지 않는 것임에 반하여 전기의 끌어당기는 힘은 비천하고, 약하며, 작용하기 위해서 마찰이 필요하고, 불이나 습기, 종이, 천 등에 의해 쉽게 차단된다고 했다. 길버트는 자기 현상에 대해 지상에서 볼 수 있는 자성체들의 운동이 본질적으로 지구의 균질한 부분들이 서로에게 향하려고 작용하며, 전체 지구의 근본적인 형상(primary form)에 부합하려는 쪽으로 작용한다고 보았다. 그리고 철과 철광석, 자석이 지구의 균질한 부분들로 그 근본적 형상을 공유하고 있다는 점에서 본질적으로 같은 물질이고, 자석이란 고귀한 철광석에 지나지 않는다고 했다.

길버트는 이 책에서 자석의 끌어당기는 힘을 단순히 'attraction'이라고 부르는 것은 자기의 끌어당기는 힘 성질을 잘 모르기 때문에 쓰는 것이라며 자석이 철을 끌어당기기도 하지만 철 또한 자석을 끌어당기므로 자석과 철이 서로 끌어당긴다는 점을 강조해서 동시에 두 물체가 서로 끌어당기는 힘 'Coition', 'Conactus(mutual action)'이라는 용어를 끌어당기는 힘(attraction) 대신에 사용했다.

길버트는 구형자석을 이용한 실험에서 자석의 끌어당기는 힘에 관계되는 여러 성질을 주의 깊게 관찰했다. 그 결과 자석의 끌어당기는 힘은 모든 방향에 순간적으로 뻗어나가되 일정한 한계를 가진다는 것과 연쇄적으로 자화되어 자석에 사슬처럼 매달린 쇠못들은 자석의 본래 영향권보다 더 멀리까지 이어질 수 있다는 사실을 알게 되었다. 그리고 반구형의 얇은 철판들로 자석의 양극을 감싸면 자석을 강화할 수 있다는 것, 'terrella'의 북극 위에 철로 된 원판의 중심을 올려놓으면 원판의 가장자리를 돌아가면서 북극이 생긴다는 것 등을 비롯한 많은 흥미로운 사실이 밝혀졌다. 또한 'terrella'의 분할 실험은 자석의 끌어당기는 힘을 설명하는 데 있어서 기본적이고 중요한 실험이었다. 이 실험을 통해서 자석의 에너지는 모든 부분에 균등하게 퍼져 있고, 양극 쪽으로 갈수록 끌어당기는 힘이 강해지는 것은 모든 부분의 균등한 에너지가 양극 방향으로 집중되어 있기 때문이라고 주장할 수 있는 근거를 마련했다.

길버트는 그의 책 2권에서 자기 현상을 길게 다루었던 것에 비해서 전기 현상에 대해서, 즉 새로운 전기체들의 발견과 전기힘 현상은 비교적 짧게 다루었다. 표면을 마찰시켰을 때 전기힘을 나타내는 전기체들이 이때까지 알려져 온 호박과 흑옥(jet) 이외에도 다수의 보석류, 석영, 유리, 황, 단단한 수지 등을 비롯하여 매우 많고, 또 왕겨나 짚뿐만 아니라 공기와 불을 제외한 모든 가벼운 물체들이 전기 힘에 영향을 받는다고 주장했다.

3권에서 5권까지는 차례대로 Direction(남북 방향의 정향성), Variation(정남북으로부터의 편차—방위각), Declination(수평으로부터의 편차—복각)에 대해서 다뤘다. 길버트의 이 실험 과학적인 논의는 앞서 이야기한 대로 나무 그릇 실험과 베소리움 실험을 통해서 이루어졌다. 6권의 회전 운동을 포함한 이 네 가지 운동에 대한 실험은 지구 위에서의 나침반 자침 운동과 구형자석 'terrella' 위에서의 자침(versorium) 운동과의 유사성을 연관시켜 이루어졌다. 지구상에서 나침반 바늘이 항상 정북 근처를 가리킨다는 것과 자침의 복각은 위도에 거의 비례한다는 경험적 지식을 분명히 가졌던 길버트는, 베소리움의 운동 역시 'terrella' 위에서 베소리움이 보이는 정확한 Direction과 Declination으로부터 항상 조금씩의 편차를 나타내는데, 이러한 현상의 원인 역시 'terrella' 표면에 약간의 변형을 만들어 주면 베소리움의 방향이 조금 변한다는 실험 결과를 이용하여, 지구가 완전한 구형이 아니라 표면에 많은 굴곡을 가지고 있기 때문이라고 설명할 수 있었다.

6권에서는 회전 운동을 다루면서 길버트 자신의 자기 철학에 대해서도 논의했다. 지구와 'terrella' 위에서 일어나는 현상들을 철저하게 비교 분석하면서, 자신의 철학관을 설명하고자 했다. 길버트는 베소리움에 의해 'terrella' 위에 양극, 적도, 자오선(meridians), 위도선(parallels)이 정해질 수 있는 것처럼 지구상에서도 그러한 자연적 경계들이 단순히 수학적으로가 아니라 나침반의 운동과 관련하여 실제로 존재함을 지적하고, 그러므로 terrella와 마찬가지로 지구에도 '자기 에너지(magnetic energy)'가 존재하며 지구 자축의 위치와 방향을 비롯한 자연적 경계들은 지구를 이루는 물질 덩어리의 엄청난 변화가 없는 한 고정되어 있다고 했다.

Sir Humphry Davy 1778~1829

◆ 위대한 스승 ◆
데이비

과학계의 행운아.
과학사에서 볼 때 데이비만큼 철저한 자기 노력으로 크나큰 영예를 누린 과학자는 별로
없다. 과학 대중화에 앞장선 데이비의 업적을 평가할 때, 어쩌면 과학 연구 결과보다는
자신이 늘 말하고 다녔듯이 패러데이를 발굴했다는 점일 것이다.

생애

헌프리 데이비는 1778년 12월 17일 영국의 콘월(Cornwall) 지방 펜잔스(Penzance)에서 로버트 데이비(Robert Davy)의 장남으로 태어났다. 데이비의 아버지는 루드반(Ludgvan)에 자신의 영토를 소유하고 있는 중간 계급 출신으로 나무 조각가였다. 데이비는 펜잔스 근처에 있는 그래머 학교(grammar school)에서 기초 교육을 받았으며, 1793년부터는 트루노(Truro)에서 교육받았다.

1795년 데이비가 18세 되던 해 갑작스럽게 아버지가 죽게 되자, 5형제 가운데 장남인 데이비는 가족의 생계를 돕기 위해 의사와 약재상의 견습생(사환)이 되었다. 데이비는 장래에 의사가 되기로 마음먹고 성실하게 일했다. 데이비가 약재상에서 일하고 있던 기간에, 증기 기관으로 유명한 제임스 와트(James Watt, 1736~1819)의 아들이 대학에 다니다 요양하러 데이비 집에 잠시 머무르게 되었다. 데이비는 이 대학생으로부터 여러 가지 과학 지식을 전해 듣고, 자연과학에 흥미를 갖게 되었다. 이 대학생을 통해 희망을 갖게 된 데이비는 미래의 의사를 꿈꾸며, 어려운 현실을 극복하고자 노력했다. 이때부터 데이비는 누구보다도 부지런하고, 시간을 잘 활용하여 자기 관리를 철저하게 했는데, 약재상에서 일 시작하기 전인 아침 시간에 당시의 철학, 윤리학, 수학 등을 열심히 독학했다.

풍부한 상상력과 발랄하고 다정다감한 성격에 유머러스한 면모를 지닌 데이비는 시를 쓰고, 스케치를 하며, 꽃불(fire work)을 만들고, 광물 수

집하기와 낚시와 사냥 등을 좋아했다. 또한 데이비는 어디론가 여행하며 돌아다니는 것을 좋아했는데, 여행하는 동안 한쪽 주머니에는 낚시 도구로 꽉 차 있었으며, 다른 주머니에는 주워 담은 바위 조각, 자갈들이 가득 들어 있었다고 한다. 언제나 자연을 벗 삼아 지냈던 데이비는 산과 물의 경치에 대한 강렬한 사랑이 남달랐다. 젊은 시절에 순진하고 다소 충동적이었던 데이비는 자신이 직접 쓴 시집을 출판하려는 계획도 세웠으나, 그의 인생은 1797년부터 과학자의 길로 접어들게 된다. 데이비는 데이비스 기디(Davies Giddy: 나중에 Gilbert로 부름)와 친분 관계를 맺게 되는데, 이 계기를 통해 위대한 과학자로서의 생애를 시작하게 된다. 기디는 데이비에게 트라디아(Tradea)에 있는 자신의 도서관을 사용하도록 편의를 제공할 뿐만 아니라, 그 시대에는 제법 잘 꾸며진 화학 실험실을 쓰도록 했다. 여기서 데이비는 그 당시 주요 화젯거리였던 열, 빛, 전기의 본질에 관한 연구를 했다. 이 당시에는 프랑스 화학자인 라부아지에(Antoine Laurent Lavoisier, 1743~1794)의 물리, 화학 이론이 가장 유명했을 뿐만 아니라 거의 정설로 되어 있었는데, 데이비는 자신의 연구를 진행하는 데 있어서 편견을 배제하고 실험 사실에 의존하여 라부아지에 이론과는 다른 독자적인 견해를 만들었다. 기디의 작은 개인 연구실에서 데이비는 질병의 원인이 되는 "접촉성 전염병의 원리"를 연구하기 위해 웃음 기체인 아산화질소(N_2O)를 만들어 자신이 직접 마셔보기도 했다.

1798년 기디의 추천으로 병을 고치는 데 여러 가지 기체를 사용함으로써 임상 치료가 가능한지를 조사하기 위해 클리턴(Clitton)에 설립된 기체 연구소(Pneumatic Institution)의 화학 연구 조수로 임명되었다. 이 연구소는 당시에 일반적으로 알려져 있던 산소가 인체의 병 치료에 도움이 된다는 사실을 응용하여, 일반 다른 기체도 병을 치료하는 데 이용 가능한가를 연구 목적으로 설립한 것이었다. 자신을 세상에 알릴 수 있는 굴러 들어온 행운을 데이비는 결코 놓치지 않았다. 임명되자마자 곧바로 데이비는 특유의 정열을 가지고 주어진 문제들에 착수했으며, 실험과 관찰에 대한 그의 두드러진 재능을 유감없이 발휘했다. 데이비는 산소화합물, 암모니아, 질산 등의 기체들을 조사, 관찰하고, Samuel Taylor Coleridge, Robert Socothey, P. M. Roget를 포함한 동료 과학자와 자신의 문학계 친구들을 상대로 아산화질소(웃음 기체) 흡입의 영향에 대한 임상 실험 대상이 되어 줄 것을 설득하기도 했다. 데이비는 이 연구 결과로 1799년에 아산화질소 기체의 마취 작용을 발견했다. 데이비는 이러한 실험 연구에서 자신이 첫 번째 임상 실험 대상이 되었는데, 한 번은 연료로 사용하는 산화탄소와 수소의 혼합 기체인 수성 기체(water gas)를 들이마시고는 거의 생명을 잃을 뻔한 적도 있었다. 1800년에 그동안 실험한 여러 가지 사실을 정리하여 「화학 그리고 철학적 연구(Researches, Chemical and Philosophical)」라는 제목의 논문으로 발표했는데, 이것은 즉각적으로 데이비의 명성을 과학계에 알리는 계기가 되었다. 1799년에는 영국 런던에 대영 왕립 연구소(Royal Institution of Great Britain)가 설립되었다. 이 연구소는 과학 지식을 일반 사람들에게 널리 보급하고, 과학 기술의 응용을 추진하기 위해 설립된 것으로 각종 기계와 발명품 등을 전시하기도 하고 공개 과학 강연회도 개최했다. 데이비의 논문 발표는 과학자로서의 명성과 더불어, 곧바로 이 왕립 연구소에서 강의해 줄 것을 부탁받는 행운까지 찾아왔다. 1801년에는 미국 출신의 영국 과학자이며, 럼퍼드 백작(Count von Rumford)으로 잘 알려진 벤저민 톰프슨 경(Sir Benjamin Thompson, 1753~1814), 영국 자연철학자인 조셉 뱅크스 경(Sir Joseph Banks), 영국의 물리, 화학자인 헨리 캐번디시 등으로부터 후원을 약속받고 대영 왕립 연구소로 옮겼다. 데이비는 이 연구소의 공개 강연에서 꼼꼼하게 강의를 준비하고, 일반 사람들이 쉽게 이해할 수 있도록 자세하고 알기 쉬운 이야기식으로 강의를 했다. 데이비의 과학 강연은 강의 내용과 더불어 빠르게 일반 사람들에게 퍼져 나가 과학과 연구소의 위신을 세우는 데 크게 기여했을 뿐만 아니라, 과학 응용의 사회적 기능에 중요한 역할을 담당했다. 특히 데이비는 젊고, 매력적인 인상으로 화술도 뛰어나 공개 강연회에는 런던의 귀부인들이 항상 몰려드는 성황을 이루었다고 한다. 이러한 재능과 능력을 인정받아 1802년에 데이비는 정식으로 이 연구소 화학 교수가 되었다. 화학 교수가 된 후, 첫 번째로 주어진 연구 임무는 'tan'에 관한 특수 연구를 포함하고 있었는데, 데이비는 보토의 오크(oak) 추출물보다 값이 싸고, 더 약효가 좋은 열대 식물에서 추출한 아선약(oatechy)을 발견했다. 그리고 이 연구를 정리하여 tan 보고서로 발표했는데, 이 보고서는 tanner의 입문서로 오랫동안 일반 사람들과 과학자들 사이에서 사용되었다.

1803년에 데이비는 왕립 학회의 특별 연구원(fellow)과 더블린 학회

(Dublin Society)의 명예 회원이 되었다. 그리고 이 해는 농업 위원회에서 매년 정기 강의를 계획하고 그 첫 번째 강의를 한 해이기도 하다. 이것은 1813년에 발표한 그의 저서 『농화학의 원리(Elements of Agricultural Chemistry)』 배경이 되며, 이 책은 수년에 걸쳐 체계적으로 써 온 유일한 그의 저서다. 1805년에 데이비는 전기, tanning, 광물 분석에 관한 연구 업적으로 Copley Medal을 받았다. 그리고 1807년에는 연구 노력의 대가로 출세 가도를 달려 왕립 학회의 사무관으로 당선되었다.

데이비가 세계적으로 유명한 과학자가 되는데, 중요한 역할을 한 연구는 전기의 화학 작용에 관한 연구였다. 간단한 전해조(electrolyte cell) 안에서의 전기 발생은 화학 작용으로부터 유래되며, 화학 결합은 반대 전하를 가지고 있는 물질 사이에서 발생한다고 일찍부터 주장했다. 따라서 화합물과 전류의 상호 작용인 전기분해는 모든 물질을 각각의 원소로 분해하는 유사한 방법을 제공한다고 추론했다. 이러한 견해는 1806년에 행한 「전기의 어떤 화학적 기능에 관하여(On some chemical Agencies of Electricity)」라는 그의 강의에서 설명했는데, 이 논리로 인하여 그 당시 영국과 프랑스가 전쟁 중임에도 불구하고 1807년에 프랑스 연구소(Institute de France)로부터 나폴레옹 상(Napoleon Prize)을 받게 되었다. 이러한 강의 내용은 바로 실험 연구로 이어져 1807년에 나트륨(sodium)과 칼륨(potassium)의 화합물로부터 나트륨과 칼륨 원소를 분리해내는 데 성공했다. 그리고 1808년에는 그것들로부터 알칼리 토금속류(alkaline earth matals)의 분리를 이끌었으며, 또한 인화수소, 텔루르화 수소(hydrogen telluride)와 칼륨이 첨가된 붕사(붕소가 함유된 모래)를 가열함으로써 붕소 (boron)를 발견했다. 1810년 데이비는 또한 염소(chlorine)에 대한 초기 이름인 oxymuriatic acid가 염산에 대한 염소의 관계가 잘못되어 있음을 보여 주었는데, 이것은 그 당시에 정설로 여겨졌던 "모든 산은 산소를 포함한다"라는 라부아지에의 이론을 부정한 것이었다. 데이비는 물속에 있는 산소의 유리(liberation)를 통해 염소의 표백 작용을 설명했으며, 염소는 산소를 포함하지 않은 산임을 밝혔다. 그러나 염소의 본질에 대한 그의 견해는 반박되었다. 데이비는 염소가 화학 원소라는 것을 깨닫지 못했고, 염소 안에 산소의 존재를 보여 주기 위해 고안된 실험은 실패했다.

1810년과 1811년에 더블린에서 농화학, 화학 철학의 첫걸음, 지질학에 관하여 많은 청강생에게 강의를 하고 강의료로 £1,275를 받았으며 트리니티 대학(Trinity College)으로부터 L.L.D.(Latin Legum Etoctor-법률학 박사) 명예 학위를 받았다.

데이비가 34살 때인 1812년 4월 8일에는 Prince Regent로부터 나이트 작[Sir(경) 칭호가 허용되며, baronet(준남작)의 아래에 자리하는 당대에 한한 작위]을 부여받았으며, 그다음 날인 9일에는 왕립 연구소의 회원들에게 고별 강연을 했다. 그리고 이틀 뒤인 4월 11일에는 잉글랜드와 스코틀랜드에서 사교, 문학계에 잘 알려진 부유한 미망인 Jane Apreece와 결혼했다. 데이비는 또한 이때 그 자신의 연구물이 상당 부분 포함되어 있는 『화학 철학의 기본 원리(Elements of Chemical Philosophy)』의 첫 번째 부분을 발표했으나, 그의 계획이 지나치게 야심적이었음에 반해 더 이상 이것에 관해 아무것도 발표되지 않았다. 이것에 관해 스웨덴 화학자인 베르셀리우스(Jons Jacob Berzelius, 1779~1848)는 "만약에 이 책이 완성되었다면, 1세기 동안에 화학 분야의 엄청난 진보를 가져왔을 것이다"라고 평했다.

여전히 명예 교수로 남아 있던 왕립 연구소에서 그의 마지막 중요한 업적은 아마도 젊은 마이클 패러데이를 발굴한 것일 것이다. 패러데이는 후에 영국의 위대한 과학자가 된다. 패러데이는 1813년 데이비의 주선으로 실험실 조수로 일하다가 1813년부터 1815년까지 데이비 부부와 함께 유럽 여행에 동행한다. 데이비는 이 유럽 여행 기간 중에 그 당시 영국과 전쟁 중인 프랑스 황제 나폴레옹의 허가로 프랑스를 여행하면서 화학자인 베르톨레(Berthollet, 1748~1822), 수학자이자 천문학자인 라플라스(P. S. Laplace, 1749~1827), 화학자이자 물리학자인 게이 뤼삭, 물리학자인 앙페르 등과 이탈리아의 물리, 화학자인 볼타 등 저명한 많은 과학자를 만났으며, 프랑스 황후 마리 루이스(Marie Louise)를 알현하기도 했다.

프랑스와 이탈리아를 여행하던 기간에도 그곳의 여러 연구소에 협조를 구해 이동하면서 필요한 실험을 재빨리 할 수 있는 작고 간편한 이동식 실험실을 꾸며가며 후에 요오드(iodine)라고 명명된 물질 'X'를 연구했다. 이전에 물질의 특성을 연구하면서 많이 다뤄 보았던 염소와 요오드의 성질이 유사했으므로 데이비는 재빨리 요오드를 발견할 수 있었다. 데이비는 또한 고대 그림물감의 많은 재료를 분석해서 다이아몬드가 탄소의 형태라는 것을 증명했다.

데이비가 대륙 여행에서 돌아온 후 짧은 기간 동안 탄광 사고 방지 협회(SPACM: Society for Preventing Accidents in Coal Mines)의 요청으로 탄광갱 내의 폭발성 메탄가스와 공기의 혼합이 어떤 조건에서 폭발하는지를 연구했다. 이 연구의 결과로 데이비는 1815년에 탄광갱 내에서 안전하게 일할 수 있는 안전등을 발명했다. 데이비가 만든 안전등은 가느다란 선으로 짠 금속망으로 불꽃 주위를 덮은 것이었는데, 이 안전등 발명과 불꽃에 관한 연구 결과로 왕립 학회와 북부 광산주들의 추천으로 럼퍼드 금, 은메달을 받았다.

1818년에 그에게 준남작(baroned: baron의 아래, knight의 윗 계급이지만 귀족은 아니며 Sir 칭호를 붙여 준다) 지위가 주어졌고, 데이비는 또다시 이탈리아로 가서 화산 활동을 조사했다. 1820년에 데이비는 왕립 학회 회장이 되었으며, 7년간 재직하다 1827년에 사임했다. 1823년에서 1825년까지 2년간 데이비는 정치가이자 작가이며 아데내움 클럽(Athenaeum Club)을 설립한 크로커(John Wilson Croker)와 1828년에 개장된 런던의 로겐트(Rogent) 공원에 동물원을 설계하고 동물 학회를 설립한 식민지 통치자 래플레스 경(Sir Thomas Stamford Raffles)과 교제한다. 데이비가 왕립 학회 회장으로 있을 당시 1821년에는 전기 전도도에 관해서 연구했다. 그리고 1820년 외르스테드의 전류의 자기 현상 발견에 영향을 받아 잠시 동안 데이비는 전기에 의해 발생하는 자기 현상과 배갑판으로 사용하고 있던 구리 강판의 소금물 부식 방지에 대한 전기의 화학 작용에 관해 연구했다. 비록 이 연구가 산업 사회의 기술적 차원에서 수행되었지만, 놀랄 만한 오염이 발생하여 결국 실패로 돌아갔고, 실패를 모르던 데이비를 아주 당황스럽게 만들었다. 데이비는 그가 말한 것처럼 이 기간에 정력을 다 소모했다. 1826년 한 해 동안 베이커리언(Bakerian)에서 행한 「전기 화학적 변화 관계에 관하여(On the Relation of Electrical and Chemical Changes)」라는 강의는 전기 화학에 관한 그의 마지막 알려진 사상(생각)을 포함하고 있었으며, 이 강의로 인하여 그에게 왕립학회의 최고 명예인 로얄 메달(Royal Medal)이 수여됐다. 데이비의 건강은 급속도로 악화되어 1827년에 유럽으로 요양하기 위해 떠났다. 같은 해 여름에 왕립 학회의 회장직 사임을 요구받아 왕립 학회에서 물러났으며, 후임에 그를 위대한 과학자의 길로 접어들게 한 길버트(Davies Gilbert)가 선임되었다. 데이비는 왕립 학회의 회장직을 사임한 후, 별로 하는 일 없이 지내면서 1828년에 자신이 직접 그린 그림들을 삽입한 『연어 또는 날으는 물고기의 수명(Salmoniai or Days of Fly Fishing)』이라는 제목의 물고기에 관한 책을 써서 발표했다. 데이비는 이후에 짧게 잉글랜드를 방문한 후 이탈리아로 돌아와 1829년에 로마에 정착했다. 로마에 정착해서는 병세가 더욱 심해져 뇌일혈로 인해 부분적으로 마비가 되었으나, 데이비는 불굴의 의지를 가지고 구술 방식을 통해 죽기 전 한 달을 글을 쓰는 데 소비했다. 이것은 데이비가 죽은 직후 1930년 그의 유작으로 출판되었는데, 이것이 바로 『여행 중의 위안들, 한 철학자의 마지막 나날(Consolations in Travel, or the Last Days of a Philosopher)』이다.

데이비는 1829년 5월 29일 잠시 로마를 떠나 스위스 제네바에서 요양 생활을 하던 중 52세를 일기로 그의 파란만장하고 화려했던 생애를 조용히 마감했다.

전기의 화학 작용

볼타가 1800년에 전지를 발명함으로써 전기를 쉽게 얻을 수 있게 되자, 이 전기가 화학 작용을 일으킨다는 사실이 과학자에 의해서 속속들이 밝혀졌다. 볼타 전지의 등장 직후 1800년에 영국의 니콜슨(Nicholson)과 칼라일(Carlyle)은 물에 두 가닥의 철사를 담그고 철사에 전류를 흐르게 하면 물이 성분 원소인 산소와 수소로 분해된다는 사실을 발견했다. 데이비는 왕립 연구소로 부임하자마자 염류의 용액과 고체 화합물의 전기분해에 관한 연구를 시작했다. 그리고 생애 편에서도 이야기했듯이, 데이비는 간단한 전해조 안에서의 전기 발생은 화학 작용으로부터 유래되며, 화학 결합은 반대 전하를 가진 물질 사이에서 발생한다고 일찍 결론을 내렸다. 따라서 화합물과 전류의 상호 작용인 전기분해는 모든 물질을 각각의 원소로 분해시킬 수 있다고 주장했다. 이 당시에 전기분해 현상에 관심을 갖고 있던 과학자들은 물과 전기로부터 질산이나 알칼리가 만들어진다고 생각하고 있었다. 이러한 일반 다른 과학자들의 견해에 대해 데이비는 다른 견해를 갖고 있었는데, 전기분해 실험을 통해 자신의 견해가 옳다는 것을 보여 주었다. 1806년 물의 전기분해 실험 결과물은 산소와 수소로만 이루어져 있어서 물과 전기만으로 질산이나 알칼리를 만들 수 있다는 것은 잘못임을 밝혔다.

데이비는 전기분해에 관한 연구에서, 수용액을 아무리 강력한 전기로 분해해도 발생하는 것은 산소와 수소라는 사실을 알아내고, 수용액 대신에 염을 직접 전기분해했다. 데이비는 1807년에 수산화칼륨을 공기 중에 놓아두어 습기를 흡수하게 한 다음에 이것을 백금 그릇 위에 놓았다. 이 백금 그릇에는 250매의 금속판을 써서 만든 전지의 음극과 연결되어 있으므로, 전지의 양극을 백금선을 이용하여 수산화칼륨 표면에 접촉해 주었다. 전기가 수산화칼륨에 흐르자 백금 그릇 윗부분인 수산화칼륨은 맹렬하게 끓었으며, 아래 그릇 바닥 주위에는 광택성의 수은과 비슷한 물질 덩어리가 생겨났다. 이 물질 덩어리들 가운데 어떤 것은 생겨나자마자 밝은 불꽃을 내며 타서 없어지기도 하고, 어떤 것은 광택이 없어지면서 백색으로 표면이 변해갔다. 데이비는 이 물질이 수산화칼륨의 주성분인 칼륨이라는 것을 알아낼 수 있었으며, 계속해서 같은 방법으로 나트륨도 분리해냈다. 데이비는 이어 이 방법으로 1808년에 이제까지 알려지지 않았던, 새로운 화학 원소인 칼슘(Calcium), 스트론튬(Strontium), 바륨(Barium) 등 알칼리 금속류를 얻어내는 데 성공했다. 데이비는 이러한 화합물의 전기분해 연구를 통해, 서로 반응하여 화합물을 형성할 수 있는 원소 사이에 작용하는 화학적 인력은 원래가 전기적인 성질의 것이라는 견해를 갖게 되었다. 이러한 데이비의 화학 결합력에 관한 견해는 1811년 이후 스웨덴의 베르셀리우스에 의해서 발전되었다.

○ 주요 경력

1797년 데이비스 길버트(Davies Gilbert)와 만남

1798년 길버트의 추천으로 기체 연구소(Pneumatic Institution)의 화학
      연구 조수가 됨.

1800년 《화학 철학적 연구》 발표, 대영 왕립 연구소로 옮김

1802년 대영 왕립 연구소의 정식 화학 교수로 임명

1803년 왕립 학회 특별연구원, 더블린 학회 명예 회원

1805년 Copley Medal 수상

1807년 왕립 학회의 사무관 당선, 나폴레옹상 수상, 나트륨, 칼륨 원
      소 발견

1808년 붕소 발견

1812년 나이트 작 지위 부여받음, Jane Apreece와 결혼

1813년 《농화학의 원리》 발표

1815년 안전등 발명, 럼퍼드 금, 은메달 수상

1818년 준남작 지위 부여받음

1820년 왕립 학회 회장 선임

1826년 Royal Medal 수상

1827년 왕립 학회 회장 사임

몸글 셋째 마당

: 전자기 법칙의 발견과 그 의미

Charles Augustin de Coulomb, 1736~1806

◆ 법칙 발견의 풍운아 ◆

쿨롱

기술자가 물리 법칙을 발견한 예는 그리 흔하지 않다. 쿨롱은 기술자면서 자신의 경험
을 적절히 사용해 전자기힘 법칙을 만들었다. 그러나 이 전자기힘 법칙은 쿨롱이 최초
로 연구한 것은 아니며 캐번디시가 어쩌면 더 완벽하게 연구했다. 우여곡절 끝에 모든
영광이 쿨롱에게 돌아간 연유는 무엇일까?

생애

샤레스 어거스틴 쿨롱은 1736년 6월 14일 프랑스 앙굴렘(Angouleme)에서 태어났다. 쿨롱은 파리에 있는 대학에서 물리학을 전공했으나, 공병대의 장교 생활이 인연이 되어 그의 생애는 대부분 순수과학 분야보다는 기술 공학 분야의 연구로 시간을 보냈다. 대학 졸업 후 공병대 장교가 되어 1767년부터 프랑스 식민지 서인도 제도(West Indies)에 근무하며, 주로 요새의 구축 등을 감독했다. 1776년 건강이 악화되자 9년간의 서인도 제도 파견 근무를 청산하고 귀국했다. 쿨롱은 귀국 후 서인도 제도 파견 근무 때의 여러 경험을 살려 건축과 기계 공학 관련 연구를 했다. 귀국 후 브로이스(Blois)에서 작은 직분을 가지고 일하게 되었는데, 때마침 프랑스 학사원에서는 선박용 나침반의 개량 연구에 상금을 내걸고 현상 논문을 접수 중이었다. 이 프랑스 학사원 논문 기고는 소정의 자격이 필요했는데, 쿨롱은 서인도 제도 공병대 장교 근무 시절 제방 건설에 필요한 역학 연구로 프랑스 학사원 논문 기고 자격을 가지고 있었다. 쿨롱은 선박용 나침반 개량에 관한 연구를 한 후 학사원에 논문을 제출하여 이 연구로 1779년 학사원으로부터 과학 아카데미상을 받았다. 쿨롱은 뒤이어 프랑스 과학 아카데미의 현상 논문에도 「간단한 여러 기계의 이론」이라는 논문을 발표해 1781년 프랑스 과학 아카데미로부터 상을 받았다.

이 연구는 정밀 기계 공업에서 아주 유용한 것으로 주로 기계 마찰에 관한 연구였다. 실제 논문 내용을 보면 평면의 마찰, 로프의 마찰, 피벗

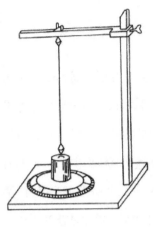

그림 1 | 모멘트 측정

축(pivot axis)받이의 마찰, 베어링의 마찰로 대략 그 내용이 어떤 것인지 짐작할 수 있다.

쿨롱은 1782년에 프랑스 과학아카데미 회원이 되었다. 쿨롱은 프랑스 과학아카데미에서 주는 상과 비교적 인연이 많았다. 1784년 쿨롱은 실과 금속선의 비틀림에 관한 연구를 발표했다. 그림과 같은 장치를 이용해 실에 매달린 추의 진동은 일정한 진동임을 알아내고 비틀림 힘의 회전 모멘트(M)가 실의 굵기(d) 4제곱과 비틀림각 (θ)에 비례하고 실의 길이 (l)에 반비례함을 보여 주었다.

$$M = \frac{\mu d^4}{l} \theta$$

쿨롱은 자신의 연구를 더욱 진척시켜 그때 당시의 흥미 있는 문제 가운데 하나였던 정전기힘 작용을 연구하게 되었다. 비틀림 저울을 실험 연구에 이용하여 그때까지 의견만 분분하고 확실하게 밝혀지지 않았던 두 전기를 띤 물체(대전체) 사이에 작용하는 힘에 관해 일정한 법칙이 존재함을 밝혀냈다. 이것이 현재 우리가 알고 있는 쿨롱의 힘 법칙이며, 1785년 쿨롱은 이것에 관한 실험 연구를 정리하여 발표한 후 계속해서 1789년까지 자기힘에 관해 연구했다. 정전기힘과 아주 비슷한 모양의 식을 보이는 자기힘에 대해서 실험으로써 일반화시켰으며, 후에 이것은 푸아송 (Simeon Denis Poisson)이 자기힘을 수학적 이론으로 전개하는 데 기초가 되었다.

1794년에 프랑스 혁명이 일어나자 쿨롱은 브로이스에서 일하던 것을 그만두고 과학 연구에 몰두했다. 1802년 쿨롱은 공공교육의 장학관으로 임명되어 프랑스 공교육 발전에 노력했다. 쿨롱은 공학뿐만 아니라 전자기학 발전에 많은 영향을 끼쳤다. 쿨롱의 이러한 업적을 기리기 위해 전하의 단위에 쿨롬(C:coulom)을 쓰게 된 것이다. 쿨롱은 1806년 8월 23일 파리에서 71년의 생애를 조용히 마감했다.

전자기힘의 법칙

O 정전기힘

◁ 왜 쿨롱인가?

앞에 전기, 자기의 발달사에서 이야기한 것처럼 전기, 자기의 힘 법칙 연구를 쿨롱만 한 것은 아니다. 정전기 힘에 관한 연구를 다시 한번 더듬어 보기로 한다.

전기를 띤 물체가 주위의 가벼운 물체를 끌어당기는 현상은 예부터 잘 알려져 오던 사실이었다. 1733년에 프랑스의 듀 파이가 전기힘에는 끌어당기는 힘과 밀어내는 힘, 즉 두 종류의 전기힘이 존재한다고 발표했다.

1755년 프랭클린은 은으로 된 그릇을 대전시킨 후 지름이 1인치 정도 되는 코르크(cork) 구를 실을 이용해 그릇 안쪽에 매달아 전기 현상을 관찰한 후에 그릇 안쪽에는 전기가 없음을 알아냈다. 이로부터 11년이 지난 1766년에 프리스틀리(Joseph Priestley, 1773~1804)는 프랭클린의 요청으로 이 실험을 정밀하게 다시 했다. 프리스틀리는 1767년에 발표한 『전기의 역사와 현상』 논문 속에 전기의 끌어당기는 힘은 뉴턴의 만유인력 법칙과 마찬가지로 거리의 제곱에 반비례하는 것 같다고 주장했다. 프리스틀리는 이 실험에서 속이 빈 대전된 그릇 안에는 전기힘이 없음을 알아내고 뉴턴 역학에서 지구가 공 껍질 모양으로 되어 있다고 가정할 때, 그 안에 들어 있는 물체는 어느 쪽으로도 힘을 받지 않는다는 사실을 자신의 전기힘 연구에 적용한 것이다. 이런 생각을 가진 프리스틀리의 연구를 더욱 발전시킨 사람은 캐번디시이다. 캐번 디시는 1772년에 속이 빈 구도체 표면에 전하를 띠게 한 다음(전기를 띠게 함) 그 속에 작은 구를 넣어 두 구를 임시로 이어 놓았다. 그러고 나서 바깥 구 껍질을 조심스럽게 둘로 쪼개서 안쪽 구와 연결을 끊

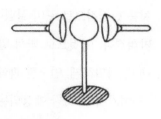

그림 2 | 캐번디시의 실험장치

은 다음 작은 구에서 떼어냈다. 이제 작은 구를 조사해 보면 과연 프리스틀리의 주장이 맞나 틀리나 확인할 수 있다. 다시 말하면 이 작은 구가 전기를 띠었는지 안 띠었는지를 관찰하여, 없는 것으로 밝혀지면 전기힘은 거리의 제곱에 반비례함이 확인되는 것이다.

물론 캐번디시의 실험은 전기힘 법칙이 뉴턴 법칙과 동일함을 밝혔다. 그러나 재미나게도 이 캐번디시의 실험 결과는 당시에는 알려지지 않았고, 100년이 지난 뒤인 1876년에 맥스웰이 이 실험에 대한 캐번디시 기록집을 발견하여 세상에 알려지게 되었다. 결국 법칙의 발견자로 세상에 알려지게 되는 행운이 쿨롱에게 돌아가게 되었던 것이다. 쿨롱의 법칙 발견 이후 많은 과학자들도 이 법칙을 확인하게 되었다. 이런 과학자들 가운데 한 사람인 맥스웰은 캐번디시의 실험 방법을 보다 정밀하게 재현해 실험 오차를 크게 줄였다. 실험에는 어느 정도 오차가 있기 때문에 정확하게 거리의 제곱에 반비례하는 것이 아니라, 예를 들어 2.012제곱에 반비례한다든지 하는 실험 오차가 생긴다. 캐번디시의 실험 장치를 개량하여 맥스웰은 실험 오차를 백만분의 1(10^{-6}) 이하로 줄였으며, 같은 실험 장

치를 현대적으로 꾸며 실험하면 실험 오차를 10^{-15} 이하로 줄일 수 있음이 밝혀졌다. 이것으로 봐서 알 수 있듯이 정전기 힘 법칙을 쿨롱보다도 전에 더 정밀하게, 연구한 과학자는 캐번디시가 틀림없다.

여기서 또 하나 예상되는 문제를 간단하게 생각하고 넘어가기로 하자. 과연 이 쿨롱의 법칙이 거리와 관계없이 항상 성립하는가 하는 물음이다. 분명 실험실에 꾸며 놓은 상태에서 이 법칙은 항상 성립함을 알 수 있었다. 현대 과학이 보다 첨단화되면서 이 자연스러운 물음에 답할 수가 있었다. 현재까지 밝혀진 사실을 종합해 보면 원자 크기 이상인 $10^{-11}\,\mathrm{cm}$에서부터 $10^{10}\,\mathrm{cm}$까지의 거리에서 이 법칙은 잘 성립한다고 알려져 있다($10^{-11}\,\mathrm{cm}$ 이하에서는 전기힘보다 강력한 핵력이 작용하여 이 법칙은 성립하지 않으며, $10^{10}\,\mathrm{cm}$ 이상에서는 거리의 제곱에 반비례하기 때문에 이 효과는 무시된다).

◁ **법칙의 발견**

먼저 쿨롱의 실험 장치와 실험 방법을 살펴보기로 하자. 〈그림 3〉에서 알 수 있듯이 비틀림 저울은 은실(silver thread)에 매달린 가벼운 절연 막대의 한쪽 끝에 대전된 금속구 A를 매달고, 다른 쪽 끝에 균형을 잡는 가벼운 추를 매달아 놓았다.

밑부분은 유리 원통으로 되어 있으며, 유리면에는 눈금이 새겨져 있다. 원통 유리 안에 실험 장치를 꾸민 것은 공기의 움직임을 가장 적게 하고, 공기의 움직임에 따른 대전 구의 방전량을 최대한 작게 하려고 한 것이다. 원통 유리의 크기는 지름과 높이가 모두 32.48㎝이고, 은실은 총길이가 약 75㎝, 무게가 0.004g인 아주 가느다란 실을 사용했다. 실험 장치 윗부분은 은실이 비틀렸을 때 비틀리는 각도를 정확하게 잴 수 있도록 꾸며 놓았다.

이제부터 쿨롱의 실험을 다시 한번 따라해 보기로 한다. 먼저 실험 장치 윗부분의 작은 원판에 새겨 있는 0점을 원통 유리면에 새겨져 있는 눈금 0과 일치하도록 한다. 그리고 작은 원판의 눈금 0에 비틀리는 각도를 표시하는 바늘을 일치시킨다. 작은 원판과 함께 은실을 회전시켜 대전된 금속구 A가 유리면에 있는 눈금 0에 오도록 한다. 밑 원판의 구멍을 통해 절연된 금속구 B를 매달아 금속구 B가 금속구 A에 접촉하도록 한다. 이때 눈금과 관계된 부분이 모두 눈금 0에 있는지 확인한 후 잘못된 부분이 있으면 다시 조정한다. 자, 실험 준비는 모두 끝났다. 금속구 B에 A와 같은 종류의 전하를 띠게 하면 된다.

금속구 B에 A와 같은 종류의 전하를 띠게 한 후, 금속구 B를 A에 가까이하면 금속구 A가 밀어내는 힘을 받게 되며, 따라서 절연 막대가 회전하게 된다. 이때 절연 막대에 연결된 은실은 비틀림에 의한 복원력이 작용하므로 어느 한계 이상 절연 막대는 회전하지 않으며, 전기힘과 평형을 이

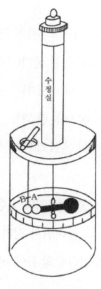

그림 3 | 비틀림 저울

루는 점에서 정지한다. 정지 상태에서 은실이 매어져 있는 윗부분의 눈금을 통해 비틀리는 각도를 기록하는 동시에 비틀림 저울의 유리면에 있는 눈금을 통해 금속구 A와 B 사이의 거리를 각도로 비교할 수 있게 했다. 은실의 비틀린 각이 26°이면 두 금속구는 18°만큼 가까워지고 56.7° 비틀리면 8.36°만큼 가까워졌다. 그리고 은실의 비틀림이 144°이면 거리는 1/2배만큼 줄어들고 힘은 4배가 된다. 다시 두 금속구의 거리가 8.5°일 때 은실의 비틀린 각은 56.7로 대략 126°의 4배의 힘이다. 이것을 계산식으로 구한 것이 표이다. 계산식은 회전 모멘트를 구할 때 사용한 식과 같다.

$$M = \frac{\mu d^4}{l} \theta$$

l: 은실의 길이 75.8㎝

d: 은실 굵기(이것은 은실의 질량이 0.004g이고 총 길이를 알고 있으므로 알아낼 수 있다)

θ: 비틀린 각도

μ: 은실의 비례 상수

쿨롱은 이와 같은 실험을 통해 두 전하 사이의 거리를 2배, 3배, 4배, …로 늘리면서 전하가 받는 밀어내는 힘을 조사하여, 전기힘은 두 금속구의 전하량의 곱에 비례한다는 것을 밝혀낸 것이다.

두 금속구 A, B 사이의 거리			전기 반발력	
각도	거리의 비	1/(거리)2의 비	비틀린 각도	전기힘의 비
8.5°	1	16	576°	16
18°	2	4	144°	4
36°	4	1	36°	1

쿨롱의 실험 결괏값

쿨롱은 이와 같은 실험 결과를 정리하여 '두 전하 사이에 작용하는 전기힘은 두 전하량의 곱에 비례하고, 이들 사이의 거리의 제곱에 반비례한다'라고 발표했다. 이것을 기호로 나타내면 전기힘을 F, 전하량을 q, 전하 사이의 거리를 r로 하면,

$$F \propto q_1 q_2 \text{ , } F \propto \frac{l}{r^2}$$

가 된다. 이것이 바로 우리가 알고 있는 쿨롱의 전기힘 법칙이다.

쿨롱의 (전기힘) 법칙

두 전하 사이에 작용하는 전기힘은 두 전하량의 곱에 비례하고, 이 사이의 거리의 제곱에 반비례한다.

$$F = k \frac{q_1 q_2}{r^2} [N]$$

$$\text{비례 상수 } k=9.0\times10^9 \text{ Nm}^2/\text{C}^2$$

이 비례 상수 결정은 단위를 결정하면서 만들어진다. 전하의 단위는 쿨롬(C)으로 이것은 1암페어(A)의 전류가 흐르는 도선의 한 단면을 1초 동안에 지나가는 전하량으로 정의한 것이다. 그리고 1A는 1초 동안에 6.25×10^{18}개의 전자가 도선의 한 단면을 이동할 때의 전류의 세기라고 정의한 것이므로 전자 1개가 띠고 있는 전하량은 1.6×10^{-19}C이다. 따라서 식을 정리하면 1m 떨어져 있는 1C의 두 전하 사이에 작용하는 전기힘으로부터 비례 상수 k값, 즉

$$k = \frac{Fr}{q_1 q_2}\left(\frac{[1N][1m]^2}{[1.6\times10^{-19}C]^2}\right) = 9.0\times10^9 \text{Nm}^2/\text{C}^2$$

을 결정할 수 있다. 일반적으로 비례 상수 k값 대신에 진공의 유전율 ε_0를 포함한 상수를 사용하기도 한다. 다시 말해서 $k = \frac{1}{4\pi\epsilon_0}$ 로 사용하기도 하는데, 이것은 진공 속에서 같은 크기의 두 전하가 1m 떨어져 있을 때 두 전하 사이에 밀어내는 힘이 $\frac{c^2}{10^7}$ 일 경우, 즉 k일 경우 각 전하량이 1C이므로, 이것으로부터 k값을 정하기도 하며, 진공의 유전율값을 정할 수 있다.

$$\epsilon_0 = \frac{1}{4\pi k} = 8.85\times10^{-12}[\text{C}^2/\text{Nm}^2]$$

O 자기힘

영국의 포크스비(1687~1713)는 1710년에서 1712년에 왕립 학회에 보낸 그의 논문에서 자기힘은 거리의 1.5배에 비례한다고 주장했다. 그리고 영국의 유명한 수학자인 테일러(Taylor, 1685~1731) 역시 1721년 왕립 학회에 보낸 논문에서 포크스비와 마찬가지로 자기힘은 거리의 1.5배로 작용한다고 주장했다. 그 후 독일의 천문학자인 마이어(Mayer, 1723~1762)와 독일의 수학자인 람베르트(Lambert, 1728~1777) 같은 과학자는 이론적인 연구로 자기힘은 거리의 제곱에 반비례하는 힘으로 작용한다고 주장했다. 그러나 정전기힘의 법칙과 마찬가지로 자기힘 법칙도 쿨롱의 실험으로 확실하게 밝혀졌다.

자기힘에 관한 실험은 정전기힘 측정 실험과 비슷하면서도 본질적으로는 매우 큰 차이가 있다. 왜냐하면 정전기힘의 경우는 각각의 서로 다른 전하를 따로 떼어 놓을 수 있어서 측정하기가 쉬웠던 반면에 자극은 그림에 나타낸 것과 같이 따로 떼어낼 수 없기 때문이다.

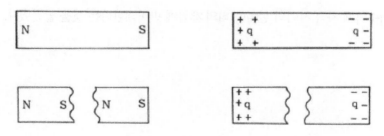

그림 4 | 자극과 전극

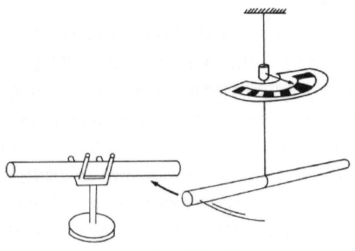

그림 5 | 자기힘 측정 장치

자기힘 법칙은 무척 긴 자석 막대를 사용하고, 인접한 끝 사이의 힘을 측정하여 이루어진다. 이때 인접한 자극 끝은 그들의 효과가 무시될 수 있을 정도로 다른 끝들이 충분히 떨어지게 방향을 잡는다. 쿨롱은 그림과 같은 장치를 사용하여 자기힘을 측정한 결과, 정전기힘이나 중력의 법칙과 비슷하게 자극 사이의 힘이 거리의 제곱에 반비례한다는 것을 발견했다.

ANDRE-MARE AMPERE, 1775~1836

◆ 슬픈 운명을 지닌 과학자 ◆

앙페르

물리학사에서 알려진 것처럼 화려하기만 한 앙페르는 사실 여러 어려운 환경을 극복한 과학자이다.

생애

앙드레 마리 앙페르(미국식 발음으로는 암페어)는 1775년 1월 20일 프랑스 리옹(Lyon)에서 태어났다. 아버지 자크 앙페르(Jacques Ampere)는 앙페르가 태어나자, 전에 하던 장사를 그만두고, 이때부터 리옹시 치안 재판소 치안 판사 일을 하게 되었다. 비교적 부유하고 학구적인 집안에서 태어난 앙페르는 어려서부터 많은 책을 접할 수 있었으며, 특히 수학에 많은 흥미를 갖고 있었다. 앙페르는 아버지가 갖고 있던 역사, 철학, 시, 소설, 여행기 등을 모조리 읽으며 어려서부터 학자 기질을 보여 주었다. 아버지는 자식의 이러한 재능을 알아보고, 가끔 도서관에 데리고 가 보다 깊이 있고 폭넓게 공부할 수 있도록 분위기를 만들어 주었다. 실제로 앙페르는 12세 되던 해까지 현존하는 모든 수학을 이해한 수학 천재였다.

그러나 이러한 집안 환경과 자신의 두뇌를 믿어 미래에 위대한 과학자나 법관이 되겠다던 꿈은 1789년에 일어난 프랑스 혁명의 확산으로 산산조각이 나는 듯했다. 프랑스 혁명이 일어난 지 4년 뒤인 1793년 리옹에까지 혁명 바람이 불어 앙페르의 집안이 풍비박산 났기 때문이다. 앙페르의 아버지는 이때 치안 재판소 치안 판사를 맡고 있었기 때문에 혁명군에 의해 목숨을 잃고, 비교적 부유하던 집안이 하루아침에 몰락하게 되었다. 당시 18세이던 앙페르에게는 이 충격이 너무 커 거의 1년간은 아무 일도 할 수 없었다. 앙페르는 20살이 되었을 때까지 린네의 식물학책에 영향을 받아, 동산에 올라가 식물 채집과 한가하게 시집이나 들춰보며 암울한 시간을 보냈다. 이러한 어려운 시기에 앙페르의 인생을 바꿔 놓은 한 소녀를 만나는데, 3년간의 열애 끝에 1799년 24살 때 슈리 캐론과 결혼하게 된다.

앙페르의 집안 몰락과 함께 경제적인 문제도 심각해져, 결혼 생활에 따른 경제적 어려움을 극복하고자 본래의 의도와는 전혀 다른 리옹의 옷감 가게에 취직하기도 한다. 그러나 방황은 그리 길지 않아서 1802년부터는 가지고 있는 재능을 펼칠 수 있게 되는데, 그 첫걸음이 부르(Bourg)에서 교사 생활로 물리와 화학을 가르치게 된 것이다. 그리고 1802년에는 수학에 관한 논문을 발표했는데, 이 결과로 아버지의 처형에 직접적인 계기가 되었던 나폴레옹 정권으로부터 리옹 고등 중학교 수학 교사에 임명되었다. 1803년에 앙페르의 인생에 있어서 가장 중요한 역할을 하고 영원한 삶의 동반자로 여겼던 사랑하는 아내가 병으로 죽게 되자, 잠시 슬픔의 나날을 보낸다. 1년 정도의 방황은 천문학자 드랑브르(Delambre, 1749~1822)에 의해서 마무리된다. 드랑브르의 교사 추천이 계기가 되어 1804년 11월에 파리의 에콜 폴리테크니크(Ecolo Polytechnique)에 수습교사로 뽑히게 된다. 5년 뒤인 1809년부터는 이 학교에서 수학 교수로 임명되어 수학을 가르치게 되었으며, 동시에 프랑스 학사원 회원에 선출되었다.

앙페르는 이때부터 본격적으로 과학자의 길을 걷게 된다. 앙페르는 정교한 논리를 추구하며 방법론적인 경험론을 바탕으로 과학의 본질에 접근한 것이 아니었다. 번쩍이는 영감으로 과학적인 결론을 이끌어 내는 직관적인 방법을 좋아하는 그런 과학자였다. 1820년에 덴마크 물리학자인 한스 크리스찬 외르스테드가 전류가 흐르는 도선 근처에 나침반을 놓으면 나침반 바늘이 움직이는 현상을 발견하고 이 사실을 발표했다. 이 소식을 곧바로 앙페르도 듣게 되었는데, 이러한 현상이 왜 일어나는가를 알아보기 위해 전기와 자기 사이의 관계를 정밀하게 조사하기로 했다. 앙페르는 곧바로 이 새로운 현상에 관해 상세하게 설명한 최초 몇 개의 관련 논문을 일주일 내로 준비하고, 연구하여 전자기 법칙을 공식화하는 데 성공했다. 이것이 바로 현재 우리가 알고 있는 두 전류 사이의 자기힘에 관해 수학적으로 기술한 앙페르 법칙이다.

앙페르는 전기, 자기에 관한 많은 실험을 직접 해보고, 이미 세상에 알려진 전자기 현상들을 설명할 수 있을 뿐만 아니라 새로운 전기, 자기 현상을 예견할 수 있는 수학적 이론들을 만들어 내는 데 노력했다. 또 앙페르는 전기, 자기에 대한 측정기구에도 많은 관심을 갖고 있었는데, 전기 흐름을 측정하기 위해 자유롭게 움직이는 침(free-moving needle)을 사용한 기구를 만들었다. 나중에 이것을 정교하게 다시 만들어 사용했는데, 전기에 대한 측정 기술을 발달시킨 최초의 인물로서 앙페르가 만든 이 장치는 다름 아닌 지금 우리가 알고 있는 검류계(galvanometer)이다.

앙페르는 슈리 캐론과의 사이에 아들이 하나 있었는데, 이 아들은 앙페르와는 다르게 프랑스의 유명한 문학자가 되었다. 수학자이면서도, 전자기학에 많은 훌륭한 업적을 남긴 앙페르는 1836년 7월 10일 61살의 나이에 병으로 세상을 뜨고 말았다.

주요 저서: 『Memoire sur la theorie mathematique des phenomenes electrodynamique, uniquement deduite de Experience』(1827)

오른나사의 법칙

기록에 의하면 1802년에 이탈리아의 법률가인 로미뇨시가 전류의 화학작용을 연구하던 도중에 도선 근처에 있던 자침(magnetic needle)이 움직이는 것을 관찰했다고 한다. 로미뇨시는 법률가였기 때문에 당시의 과학적 흥미와 지적 호기심에서 출발한 그의 연구는 많은 한계를 가지고 있었다. 어찌 보면 전문 과학자가 아니라 법률가인 그의 직업을 감안할 때, 중요한 현상을 단지 관찰만 하고 더 이상의 연구를 포기한 것은 당연한 일인지도 모른다. 로미뇨시의 이러한 관찰 이후 전류와 자기의 연관성에 관한 별다른 연구 성과 없이 지내오다가 앞에서 말한 것처럼 외르스테드가 실험 강의 중에 우연히 전류가 흐르는 도선 가까이에 있던 나침반 바늘(자침)이 움직인다는 사실을 발견했다. 교탁 위에는 전기에 관한 실험을 하려고 준비해 놓았던 도선과 나침반 등이 있었는데, 전류가 흐르는 도선 가까이에 있던 나침반의 바늘이 다른 나침반의 바늘과는 다르게 행동하는 것을 발견한 것이다. 외르스테드는 곧바로 전류가 흐르는 도선 위, 아래, 옆으로 이리저리 나침반을 갖다 놓으면서 일어나는 현상들을 관찰했다. 이와 관련된 다양한 실험을 해본 외르스테드는 1820년에 논문 「전류와 자기에 관한 상호작용」에 자신이 실험하고 관찰해 본 전류와 자기에 관한 여러 실험 현상을 모아 세상에 내놓았다. 이 논문 발표 수주일 후, 1820년 가을 앙페르는 보다 다양한 실험을 해보고 전류에 작용하는 자기 힘의 방향을 가리키는 「오른나사의 법칙」과 자기의 세기와 전류 사이의 관계를 밝힌 「주회로 법칙」을 발견했다.

외르스테드의 발견, 다시 말하면 전류가 흐르는 도선 주위에서는 자침이 움직인다는 것을 발견한 이후 앙페르도 곧바로 똑같은 실험을 다시 했다. 생각하기에 따라서 아주 간단한 실험을 통해 앙페르는 자신의 이름을 세상에 널리 퍼트렸던 것이다. 왜 외르스테드가 발견을 먼저하고도 명예는 앙페르가 차지했을까? 앙페르의 법칙에서 법칙 완성 과정을 추적하면서 이 물음에 대한 답을 알아보기로 하자.

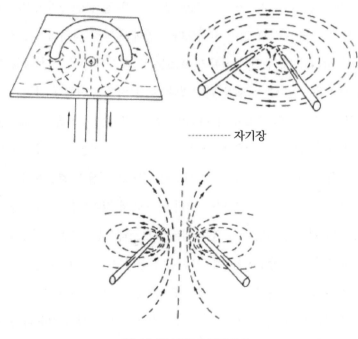

그림 1 | 직선 전류의 자기 효과

앙페르는 자신이 우연하게 발견한 것이 아닌 외르스테드의 발견을 처음부터 전류가 흐르는 도선과 자침에 어떤 관계가 있지 않을까? 하는 의문과 함께 이 의문을 풀어보고자 연구를 했다. 따라서 앙페르는 전류가 흐르는 도선과 자침을 가지고 이렇게도 꾸며보고 저렇게도 꾸며보면서, 온갖 방법을 동원해 결국에는 전류가 흐르는 도선하고 자침에는 어떤 일정한 현상이 작용하고 있음을 알게 되었다. 이것이 바로 현재의 오른나사 법칙이다.

어찌 보면 매우 간단한 실험장치와 실험만 해보면 곧바로 발견할 수 있는 현상을 결코 사소하게 다루지 않았다. 우리도 조금만 주의해서 관찰해 보면 알 수 있는 현상들을 앙페르는 말로 표현했다. 〈그림 1〉과 같은 실험에서 전지의 방향을 바꿔 도선에 연결하면 전류도 처음과는 반대 방향으로 흐른다. 이 결과는 그림에 나타냈듯이 자침의 방향 역시 반대로 작용함을 알 수 있다.

˙ 오른나사의 법칙 ˙

직선 도선 주위에 자침을 놓고 도선에 전류를 흐르게 하면 자침이 움직인다. 이것으로부터 우리는 직선 도선 속을 흐르는 전류에 의해서 도선 주위에 자기장이 만들어짐을 알 수 있다. 이 자기장의 방향은 전류의 방향하고 밀접한 관계가 있는데, 전류가 흐르는 방향을 오른나사가 진행하는 방향으로 일치시키면 나사가 돌아가는 방향이 자기장의 방향이 된다.

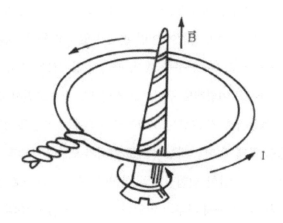

그림 2 | 오른나사 법칙

오른나사의 법칙은 또한 오른손 법칙이라고도 하는데 도선을 오른손으
로 감아쥐고 엄지손가락이 전류의 방향을 가리키게 하면, 다른 네 손가
락이 감기는 방향이 자기장의 방향이다.

주 회로의 법칙

앙페르는 평행한 두 전류 사이에 작용하는 힘 관계도 생각했다. 여기서는 앙페르의 이 힘 법칙이 오늘날 전혀 사용되지 않으므로 자세한 이야기는 다루지 않는다. 왜냐하면 앙페르의 법칙을 맥스웰이 일반화시켜서 오늘날 맥스웰 방정식을 주로 사용하기 때문이며, 앙페르 법칙 자체를 가지고 오늘날의 전자기학 현상을 설명하고 이를 적용시키는 데는 많은 한계가 있기 때문이다.

앙페르는 1822년 〈그림 2〉와 같은 실험 장치뿐 아니라 한쪽 도선은 고정시키고 다른 쪽 도선은 자유로이 움직일 수 있게 만든 실험장치를 가지고 전류가 흐르는 두 도선 사이에 작용하는 힘 관계를 연구했다. 이러한 앙페르의 연구는 어찌 보면 당연한 것일지도 모른다. 왜냐하면 앙페르가 이미 두 자석 사이에 작용하는 쿨롱의 힘 법칙을 알고 있었고, 전류에 의해서 자침이 움직인다든지 철을 자화시킨다든지 하는 전류의 자기 현상을 알고 있었기 때문이다.

앙페르는 이 연구를 진행하면서 평행하게 놓인 두 도선에 같은 방향으로 전류를 흐르게 하면 두 도선은 서로 끌어당기는 힘이 작용하고 전류의 방향을 각각 반대로 하면 두 도선은 서로 밀어내는 힘이 작용한다는 것을 알았다. 이 현상은 두 도선 사이에 흐르는 전류의 세기에도 어느 정도 관계한다는 것을 관찰했고 이 실험 결과와 자신의 천재적인 수학 실력을 동원하여 도선 사이의 거리의 제곱에 반비례하는 힘이 작용함을 밝혀냈다(수학

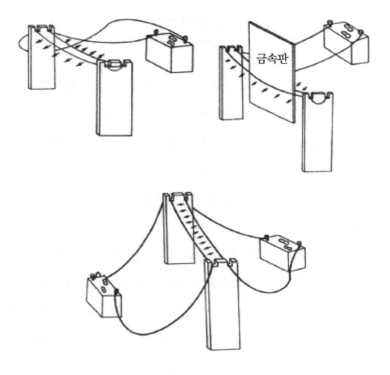

금속판

그림 3 | 두 전류 사이의 힘

과 연결되는 이야기는 뒤에 나오는 맥스웰 편에서 다루었다). 앙페르는 1822년에
이것을 수학식으로 정리하여 전류가 흐르는 두 도선 사이에 작용하는 힘
은 도선 사이의 거리의 제곱에 반비례하며, 각각의 전류 세기에 비례한다
고 발표했다. 그리고 전자기힘은 힘 작용 공간(전자기장 영역)이 어떤 상태에
놓여 있더라도, 즉 기체, 액체 속이든 고체에 가로막혀 있든지 간에 여전히
작용한다는 사실로부터 전자기힘의 먼 거리 작용설을 주장했다.

˙ 주 회로의 법칙 ˙

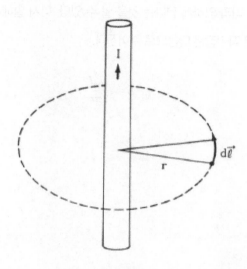

그림 4 | 주 회로의 법칙과 설명

직류 전원의 닫힌 회로에서 전류가 흐르고 있는 도선을 둘러싸면서 자
기장의 세기가 같은 닫힌 경로를 한 바퀴 돌면 전류에 의해 구성된 자기
장의 세기 B와 도선에 흐르는 전류 I 사이에는 일정한 법칙이 성립한다.

$$\oint \vec{B} \circ d\vec{1} = \mu_0 I$$

또 직선 도체를 흐르는 전류로 만드는 자기장은 전류를 중심으로 하는 원형으로 되며, 같은 원주 내에서 자기장의 세기는 같다. 이때 자기장의 방향은 오른나사의 법칙을 따르며, 자기장의 세기는 전류에서 거리가 멀어짐에 따라 약하게 된다는 것을 알 수 있다. 다시 말해서 〈그림 4〉와 같은 경우 자기장은 다음으로 주어진다.

$$B = \frac{\mu_0 I}{2\pi r}$$

Georg(e) Simon Ohm, 1787~1854

◆ 불운의 물리학자 ◆

옴

과학자가 자신의 연구 업적을 동료들로부터 인정받지 못할 때 가장 비참하다. 옴은 어려운 환경 속에서도 자신의 꿈을 키우며 자라나 훌륭한 업적을 세웠음에도 불구하고 시련을 겪어야만 했다. 다행스럽게도 역사는 냉철하게 판단하여 후세에 길이길이 옴의 명예를 드높여 주었다.

생애

게오르크 시몬 옴은 1787년 3월 16일 독일의 바바리아(Bavaria) 지방 엘랑겐(Erlangen)에서 태어났다. 옴의 집안은 대대로 자물쇠를 만들어 팔아 오고 있었으며, 그의 아버지 또한 자물쇠장이였다. 이러한 가정환경에서 옴은 자랐지만, 그의 아버지는 비교적 교육에 열성적이어서 어려서부터 영특한 옴에게 수학 등을 교육하고 대학에 진학하기를 바랐다.

옴은 16세 되던 해인 1803년 엘랑겐 대학에 입학했으나, 경제적으로 어려운 그의 집안에서 옴의 학비를 전적으로 부담한다는 것은 어려웠다. 이러한 사정으로 중도에 대학을 자퇴하게 되었으며, 학생들에게 수학을 가르치며 어려운 생활을 이끌어나갔다. 옴은 대학 졸업의 미련을 간직한 채, 수학 교사 생활을 하면서 독학으로 전에 다니던 엘랑겐 대학을 1811년에 졸업했다. 졸업과 동시에 대학 교수의 꿈을 간직한 옴은 1817년 콜로네(cologne)에 있는 Jesuits' college 수학 교수가 되었다. 이때부터 본격적으로 이 학교의 도서관과 실험 장비들을 이용하며 연구 활동에 들어가게 되었다. 이때 당시에는 전류에 관한 연구가 물리학자들 사이에서 유행하고 있었는데, 옴 역시 여기에 흥미를 갖고 매우 정교한 실험 장치와 수학 이론을 배경으로 전류에 관한 연구를 꾸준히 했다. 이 연구 결과로 현재 우리가 알고 있는 옴의 법칙을 1827년 소책자『수학적으로 조사한 갈바니 회로(Die galvanische Kette, Mathematisch bearbeitet : The Galvanic Circuit Investigated Mathematically)』를 통해 발표했다.

그러나 당시의 독일 과학자 사회는 헤겔 철학이 절정에 달해 있었고 헤겔파로부터 심한 비판을 받아 옴의 연구 결과는 사회적으로 인정되지 않았다. 이 헤겔파들은 몹시 사변적이어서 실험을 통한 경험보다는 철학을 우위에 두어 실험적인 현상을 해석하기 이전에 이론적인 개념을 올바르게 갖춰야 한다고 주장했다. 이러한 분위기로 인해 다른 과학자들의 매우 신랄한 비판과 냉대 속에 사회적으로 인정받기는커녕 오히려 이로 인해 옴은 위축되었다. 이 영향으로 옴은 교수직을 사임하고 1833년 뉘른베르크(Nurnberg)의 폴리테크니크 학교(Polytechnic School)에 초빙되어 물리 교사가 되었다.

그러나 이 연구는 국외에서 중요하게 인식했고, 독일에서도 몇몇 과학자들은 그 가치를 인정했다. 라이프니치 대학의 페흐너(Fechner, 1801~1887)와 포겐도르프(J.C. Poggendroff, 1796~1877) 등은 옴의 연구를 높게 평가했으나, 앞서 이야기한 것과 같이 사회적으로 인정을 못받고, 오히려 영국의 물리학자들 사이에서 점차 인정받아 명성을 떨치게 되었다. 이러한 우여곡절을 겪은 옴은 1841년에 그 당시 영국 과학자들 사이에서 최고 영예인 왕립 학회에서 주는 Copley Medal을 수상했으며, 1년 후에는 이 왕립 학회의 외국인 회원 자격이 주어졌다. 본국 독일에서도 왕립 학회의 Copley Medal 수상 소식이 전해지자 옴의 연구 업적을 재평가하기 시작해서 명예를 회복하기 이르렀다. 1849년에 옴은 꿈에도 그리던 뮌헨(Munich) 대학의 물리학 교수로 임명되었으며, 그 후 5년 뒤인 1854년 7월 7일 뮌헨에서 파란만장한 일생을 마감했다.

옴의 저항 법칙

○ 옴의 연구 배경

◁ 데이비의 전기 전도도 연구

1821년 당시 영국의 왕립 학회 회장이었던 험프리 데이비는 볼타 전지를 이용하여 전기 전도도에 관한 연구를 했다. 데이비는 이 연구에서 4가지의 중요한 사실을 발견하게 되었다. 첫째로 도체는 온도가 올라감에 따라 전기 전도도가 감소하며, 둘째는 불량 도체(전도성이 나쁜 도체) 쪽이 양질의 도체보다 열을 쉽게 내며, 셋째로 전기 전도도는 철사의 표면적이 아니라 단면적에 영향을 받으며, 넷째로 전기 전도도는 철사의 길이에 비례한다는 것을 발견했다. 그러나 이러한 연구 결과는 일반적이지 못했다. 왜냐하면 데이비가 이것을 연구할 당시만 해도 아직 전원이 불안정했으며, 전기에 관한 개념 역시 세워지지 않아 실험 결과를 분석하는 기술이 뒷받침되지 못했기 때문이기도 했다. 실제로 데이비의 이 실험 연구에서 네 번째 연구 결과인 "전기 전도도는 철사의 길이에 비례한다"라는 사실은 일반적으로 성립되는 것이 아니었다.

데이비는 이 실험에서 어느 정도 긴 철사를 이용할 경우 이러한 결과를 쉽게 관찰할 수 있었지만 짧은 철사를 실험에 사용하면 반드시 이러한 결과가 나오는 것은 아니었다. 아니 오히려 길이에 반비례하는 것으로 관찰되었던 것이다. 데이비는 이러한 원인을 밝혀내고 장치를 개량하는 데는 실패했다. 이러한 이유를 현대적으로 해석한다면 데이비가 이 실험에서 다음과 같은 중요한 사실을 미처 생각하지 못했기 때문이다. 그 첫째 는 전원으로 볼타 전지를 직렬로 연결하여 사용했기 때문에 전지의 내부 저항이 상대적으로 커져 전기 전도도를 정확하게 측정하기가 어려웠다. 게다가 이것은 철사의 연결을 바꿀 때마다 전원의 힘이 일정하지 않았다. 다시 말해서 이때의 볼타 전지(전원)는 철사를 연결한 바로 다음에는 힘이 매우 세지만 시간이 어느 정도 지남에 따라 힘이 떨어져서 일정하게 되는 문제점을 갖고 있었다. 두 번째로는 데이비에게 전기에 대한 명확한 개념 이 없었다는 점을 들 수 있다. 데이비의 실험 회로 구성을 살펴보면 철사 의 길이와 일정량의 물이 분해되는 시간, 즉 전기량과는 엄밀하게 비례 관계가 성립하지 않음에도 불구하고 데이비는 전기량을 전류에 비례한 다고 전제하고 연구를 시작한 것이었다. 데이비는 결국 연구 시작 동기는 좋았지만 이와 같은 문제에 부딪히자 이후 전기 전도도 연구에서 완전히 손을 떼었던 것이다.

◁ **열전도 연구와 열전기**

1822년 프랑스 에콜 폴리테크니크 학교의 이론 물리학 교수였던 푸 리에(Fourier, 1768~1830)는 「열의 해석 이론」을 발표했다. 푸리에는 고체 내부에서의 열 흐름을 연구하고 이것을 수학적으로 해석하고자 한 것이 었다. 이 논문에서 데카르트가 이미 제안했지만 아직 수학에 응용하고 있 지 않았던 차원(dimension) 이론을 도입하여 열의 전도 현상을 이론적으로 분석했다. 푸리에는 열의 본성에 대하여 가정을 두지 않고 열을 압축할 수 없는 유체(예로 물)로 대비시켜 열의 흐름은 온도차에 비례하고 비례정수는 전도체의 굵기, 길이, 재질을 포함한다는 열역학 공식을 만들었다. 이것을 전기에 대비시킨다면 전기를 물과 같은 유체로 생각하여 열의 흐름은 전기의 흐름(전류), 온도차는 전위차(전압)로 생각할 수 있다. 실제로 옴은 푸리에가 열해석 이론에 사용한 열전도식을 그대로 전기에 도입해 옴의 법칙이 나오게 된 것이다.

○ 옴의 전기 저항 법칙

옴이 베를린 대학교의 포겐드로프 연구소에 근무하게 되었을 때 전원에 열전기를 이용한 실험을 하게 되었다. 1826년에 발표한 논문 속에 이 실험 장치에 대한 설명이 잘 되어 있다. 이러한 연구를 재정리하여 1827년 발표한 소책자 『수학적으로 조사한 갈바니 회로』를 토대로 옴의 법칙이 어떻게 나오게 되었는지를 생각하기로 하자.

옴은 이 실험 결과를 해석하는 데 열역학 개념을 적절하게 사용했다. 열열학에서 온도에 따라 철사의 길이가 늘어나거나 줄어드는 것을 전기 저항 법칙에 응용한 것이다. 옴은 실험에서 철사를 실험 장치에 넣어 길이의 변화를 고려했다. 실험에서 얻은 꼬임각은 동전력과 실험에 사용한 도체의 길이 관계를 다음 식으로 표현했다.

$$X = \frac{a}{B}$$

X : 실험에서 얻은 꼬임각

a: 동전력

B: 실험용 도체의 길이

실험일	시료 번호 / 꼬임각(X)							
	1	2	3	4	5	6	7	8
Jan. 8 I	$326\frac{3}{4}$	$300\frac{3}{4}$	$277\frac{3}{4}$	$238\frac{1}{4}$	$190\frac{3}{4}$	$134\frac{1}{2}$	$83\frac{1}{4}$	$48\frac{1}{2}$
II	$311\frac{1}{4}$	287	267	$230\frac{1}{4}$	$183\frac{1}{2}$	$129\frac{1}{4}$	80	46
Jan.11 III	307	284	263	$266\frac{1}{4}$	181	$128\frac{3}{4}$	79	$44\frac{1}{2}$
IV	$305\frac{1}{4}$	$281\frac{1}{2}$	259	$224\frac{1}{4}$	$178\frac{1}{2}$	$124\frac{3}{4}$	79	$44\frac{1}{2}$
Jan.15 V	305	282	258	$223\frac{1}{2}$	178	$124\frac{3}{4}$	78	44

옴의 실험값

옴은 이 실험과 결과에서 저항에 대한 명확한 개념이 정리가 안 된 상태였기 때문에 저항이라는 말 대신에 '수정된 길이'라는 표현을 썼다. '수정된 길이'라는 것은 어느 한편의 도체를 기준으로 다른 도체를 한쪽의 도체에 같은 단면적으로 접속했을 때 나타나는 길이다.

옴의 해석을 살펴보자. 옴이 실험에 사용한 철사의 길이는 28인치, 두

께 2mm, 폭 18mm, 시료는 두께 2mm, 폭 14.78mm로 하고 시료 번호 1(길이 2
인치)일 때 '수정된 길이'를 구할 수 있었다.

$$B = \frac{\frac{7}{8} \times 7\frac{7}{16}}{8 \times 1} \times 28 + 2 = 22.2466\text{inch}$$

$$1\text{inch} = 25.4\text{mm}$$

우리는 여기서 동전력 a값도 알 수 있다. 1월 8일의 옴의 실험 결과
I-1을 보자. '수정된 길이' 값이 22.2466인치이므로 옴의 이론식에서
a=B×X=326$\frac{3}{4}$×22.2466=7270.18로 주어진다. 옴은 X를 계산식으로
구할 수 있도록 이리저리 궁리했다. 그리하여 B에는 '수정된 길이'를 더해
야 하는 것을 알아내고 다음과 같은 실험식을 발표했다.

$$X = \frac{a}{b+x}$$

여기서 X는 전류에 비례하는 자기 작용의 힘(꼬임각), x는 도체의 길이,
a는 동전력, b는 '수정된 길이'이다. 다시 이 식과 실험값과 일치하는가를
살펴보자. 1월 8일 실험 I-2의 경우 식에 대입하면

$$X = \frac{7297\frac{3}{16}}{20\frac{1}{4}+4} = 299\frac{311}{388} = 299.802$$

로 실험값과 거의 비슷하다는 것을 알 수 있다. 옴은 이 실험에서 철사 대
신에 놋쇠를 사용한다든지 해서 다양하게 시료를 바꿔 반복 실험을 했으

며, 열전기의 온도도 변화를 주면서 위 식의 타당성을 확인했다. 현대적으로 이 식을 해석하면 이 식에서 동전력 a는 전위차 V이고 '수정된 길이'는 저항 Ω, 자기 작용의 힘은 전류 I에 해당한다.

○ 옴의 법칙의 현대적인 의미

일반적으로 수학을 싫어하는 독자들을 생각하여 이 부분을 과감히 생략하고자 했으나, 좀 더 깊이 있는 의미 전달을 위해 간략하게 다뤄 보았다. 수학에 흥미가 없었던 독자나 벡터를 잘 모르는 독자는 이 부분을 생략하고 다음으로 넘어가길 바라며, 그래도 보고자 하는 분들은 뒤에 나오는 맥스웰 편의 「맥스웰의 도깨비 방정식」을 먼저 훑어보길 권한다.

우리가 일반적으로 '도선에 전류가 흐른다'라고 할 때(또는 '도선에 전기가 통한다'), 이 말의 물리적 의미는 도선을 통해 기본 전하가 이동함을 뜻하는 것이다. 크기와 방향이 시간적으로 변하지 않는 전류, 즉 정상 전류(stationary current)인 경우 도선을 통해 매초 약 6.25×10^{18}개라는 기본 전하(전자)가 흐른다. 참고로 시간의 변화에 대하여 방향이 일정한 전류를 직류(DC, Direct Current)라고 하며, 그 방향이 시간에 대하여 사인 곡선이 되게 음, 양 방향으로 교대로 변하는 전류를 교류(AC, Alternating Current)라고 한다. 여기서는 시간에 대하여 전류의 방향이 일정한 직류를 가지고 옴 법칙의 물리적인 의미를 생각해 보기로 한다.

이미 전기장에 대해 알고 있는 독자들은 관계가 없겠지만 전자기 물리학을 처음 대하는 독자라면 잠시 뒤에 나오는 맥스웰의 전자기장을 간략하게 읽어 보길 권한다. 전자의 이동은 전기장과 매우 밀접한 관계가 있고, 또 전기장과 옴의 저항 법칙과도 연관이 있기 때문이다. 자 이제 본론으로 들어가 보자.

어떤 물체가 운동을 하면 이에 따른 물체의 상태를 알려주는 여러 정보가 제공된다. 여기서는 이동 물체가 전자이므로 전자에 대한 이동 상태, 다시 말해서 전자의 이동 속도와 더불어 거리, 시간 등을 알 수 있다. 그림을 보자.

〈그림 1〉은 전류와 전자의 이동 방향, 전기장의 방향 등 현재 정의된 것을 나타낸 것이다. 그림에 나타낸 것과 같이 전기장을 도선의 왼쪽 방향으로 걸어 주었을 때, 전자의 이동 방향은 오른쪽을 향한다. 자유전자들이 모두 동일한 일정 속도 V로 움직인다고 가정하면 dt 시간 동안 도선의 단면적 S를 통과하는 전자수는 길이가 vdt인 도선의 부피 Svdt 안에

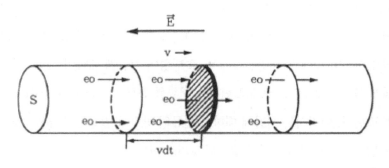

그림 1 | 전자의 이동과 전기장 방향

들어 있는 전자의 총수이다. 그러므로 n이 자유전자의 수라면, 단위 부피당 자유전자의 수는 nSvdt이고, e를 각 자유전자의 전하를 나타낸다고 하면, 시간 dt 동안에 이면을 통과하는 전체 전하는 dq=nevSdt이다. 전류의 세기 I는 시간 dt 동안에 전하량 q의 전하가 통과하는 크기이므로 다음과 같이 나타낼 수 있을 것이다.

$$\frac{dq}{dt} = I = \text{nevS}$$

여기서 우리가 생각해 볼 문제가 있다. 위에서 이야기한 것은 대략적인 상황을 고려한 것이므로 필요에 따라 도선 내부의 임의의 국소적인 한 점이나 미소면을 흐르는 전류를 생각해 볼 필요가 있다. 도체 내부에서의 전류에 대한 특성을 표현하기 위해 전류밀도 벡터($\vec{J}$)가 도입되었으며, 일반적으로 전류가 균일하게 분포되어 있지 않았을 경우 무한히 작은 면적요소 dS를 통과하는 전류가 dI이면 전류밀도는

$$J = \frac{dI}{dS} = \text{nev}$$

로 정의된다. 이에 따라 전류 역시 전류밀도와의 관계로 나타낼 수 있는데 임의의 곡면 S를 지나는 전체 전류는 이면에 수직하게 들어오는 전류밀도와 곡면 S와의 곱으로 표현할 수 있다. 수식으로 나타내면

$$I = \int_S \vec{J} \circ d\vec{S}$$

가 된다.

지금까지 이야기한 것을 가지고 한 가지 생각해 볼 것은 자유전자의 유동 속도(평균 자유 속도)이다. 도체의 전류가 주어지고 어떤 형태(단면적, 부피 등을 알 수 있음)가 주어지면 위에서 이야기한 식으로부터 유동 속도와 전류밀도를 알 수 있다. 실제로 구리 도체의 경우, 단위 부피당 전자수 n이 $n=8.5 \times 10^{28}$ 자유전자$/m^3$이므로 전류밀도값과 유동 속도를 알 수 있는데, 계산해 보면 유동 속도가 약 0.02cm$/s$이며, 이 속도는 매우 작다. 이와 더불어 전자파를 생각한다면 전자파의 전파 속도가 $3 \times 10^8 m/s$이므로 도체 내의 자유전자의 유동 속도가 전자파의 전파 속도를 혼란시키지 못함을 알 수 있다.

이야기를 바꿔 전류밀도와 전기장, 전기장과 저항이 어떻게 연관되어 있는가를 생각해 보자. 어떤 도체에 전기장이 걸리면 제멋대로 놓여 있던 전하들은 전기장에 의해서 양전하와 음전하는 반대 방향으로 밀려나게 된다. 따라서 전하가 움직이므로 전기장이 가해진 방향으로 전류가 흐르게 된다. 이것은 전류밀도와 연관되며 일반적인 경우 전기장에 의해서 생기는 전류밀도는 전기장의 세기와 비례 관계가 있음이 밝혀졌다. 다시 말해서 $\vec{J} = \sigma \vec{E}$로 주어지는데 여기서 σ는 물질의 전도도(conductivity)이며, 이 값은 주어진 물질에 의존한다. 또한 전위차(전압)가 도체의 양단 사이에 걸친 전기장의 선 적분값이므로 $V = El$ 관계가 성립한다. 일반적으로 저항은 전압에 반비례하며, 전류에 비례하므로 다음 관계를 유도할 수 있을 것이다.

$$V=IR, \quad J=\frac{I}{S}, \quad E=\frac{V}{I}=\sigma J \text{에서}$$

$$R=\frac{V}{I}=\frac{IE}{SJ}=\frac{I}{\sigma S}=\frac{\rho l}{S}$$

됨을 쉽게 알 수 있다.

* 옴의 법칙 *

길이가 l인 도체 양 끝의 전위차가 V일 때, 도선 내부에는 전기장이 형성되어 전류가 흐르게 된다. 도선에 전류가 흐를 때, 도선에서 전류가 흐르는 것을 방해하려는 성질이 있는데, 이런 성질을 도선의 전기 저항이라고 한다. 일반적으로 도선에 흐르는 전류의 세기는 도선 양 끝에 걸린 전압에 비례하고, 도선의 전기 저항에 반비례한다.

$$I=\frac{V}{R}[1A=\frac{1V}{1\Omega}]$$

전기 저항의 단위는 옴을 기리는 뜻에서 ohm(옴)[Ω]이라고 한다. 전기 저항 1Ω은 도선의 양 끝에 1V의 전압을 걸어서 전류 1A가 흐를 때로 정의한다. 보통의 경우 전기 저항은 같은 물질이라도 도선의 길이와 굵기, 온도에 따라서 그 값이 다르다. 같은 물질인 경우 도선의 전기 저항 R은 도선의 길이 l에 비례하고 단면적 S에 반비례한다.

$$R = \rho \frac{l}{S}$$

여기서 비례 상수 ρ는 물질의 종류에 따라 달라지는 값을 비저항이라고 한다. 비저항은 그 도선의 모양이나 길이와 관계없이 얼마나 전기가 잘 통하지 않느냐를 나타내는 상수이며, 비저항의 값이 작을수록 전기가 잘 통하는 물질이다. 따라서 전기 전도도 (σ)와는 역수 관계에 있다.

$$\rho = \frac{1}{\sigma}$$

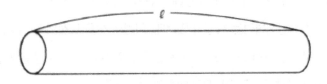

그림 2

Michael Faraday, 1791~1867

◆ 위대한 실험물리학자 ◆

패러데이

전기, 자기학에서 빼놓을 수 없는 인물. 철저한 실험주의자. 우리는 단지 위대한 물리학
자로만 알고 있을 뿐, 오늘날의 패러데이가 어떻게 존재했는가에 대해서 알고 있는 사
람은 그리 많지 않다.

생애

마이클 패러데이는 산업 혁명이 한창 진행 중이던 1791년 9월 22일 런던 남부에 위치한 서리(Surrey) 지방 뉴잉턴(Newington)의 작은 시골 마을에서 태어났다. 패러데이의 아버지는 1791년 초에 영국의 북쪽에서부터 일을 찾아 남부의 작은 마을에 이사해 온 대장장이였으며, 어머니는 어려운 환경 속에서 어린 시절을 보내는 아이들이 정서적으로 자라도록 보살펴준 아주 조용하고 지혜로운 시골 여성이었다.

패러데이가 5살 되던 해, 가족은 런던으로 이사를 하고 여기서 가난한 어린 시절을 보내게 되었다. 패러데이는 매주 월요일에 빵을 받자마자 14조각으로 나누어 하루에 두 조각의 빵으로 배고픔을 견디어야만 했다고 나중에 이 어린 시절을 회상했다. 패러데이가 어렸을 때 패러데이의 가족은 기독교의 작은 종파인 샌드머니안(Sandemanians) 교파 교회에 다녔는데, 패러데이에게 있어서 이때의 신앙생활은 그의 생애에 커다란 영향을 미쳤다. 패러데이는 정규 교육을 못 받았기 때문에—패러데이가 어렸을 때 [r] 발음을 잘 못해서 주위 친구들에 놀림을 많이 받자 부모가 초등학교를 자퇴시켰다고 한다—다니는 교회 주일 학교에서 책을 읽고, 쓰는 법과 기초적인 산수만 배웠다.

패러데이는 4명의 자식 가운데 셋째 아들이었는데 아버지가 자주 아파서 꾸준하게 일을 할 수 없었기 때문에 어린 나이부터 일을 해야만 했다. 13살 되던 해 패러데이는 다른 형제들과 마찬가지로 어린 나이에 돈을 벌기 위해 책 제본소 사환으로 일을 했다. 14살 되던 해는 7년 계약으로 이 책 제본소 견습공으로 일하기 시작했으며, 이것은 신이 그에게 준 첫 번째 행운이기도 하다. 직업의 특성상 책을 볼 기회가 매우 많았는데, 패러데이는 신이 준 행운을 결코 저버리지 않았다. 패러데이는 다른 제본공과는 다르게 일도 성실하게 할 뿐만 아니라, 자신이 관심 있는 분야의 책들을 틈틈이 읽고 그 내용을 소화해 나갔다. 이런 책 가운데 패러데이의 관심과 흥미를 유발한 책은 당시 베스트셀러였던 머세트(Marcet, 1785~1858) 부인이 쓴 『화학 이야기(Conversations on Chemistry)』와 『대영 백과사전 Ⅲ판』(Encyclopaedia Britannica 3/ed) 내용 가운데 전기 분야였다. 패러데이는 『화학 이야기』 책을 읽으면서 과학에 흥미를 갖게 되었고, 『대영 백과사전』의 전기 분야를 통해 전기에 관한 기초 지식을 배울 수 있었다고 나중에 회상했다.

그 당시 주요 기사를 다룬 책들이 패러데이가 일하고 있는 제본소를 거쳐 완성된 한 권의 책으로 시중에 팔렸기 때문에 결과적으로 오늘날의 패러데이가 있으며, 패러데이 역시 신이 내려준 첫 번째 행운(책을 돈 안 들이고 신속하게 읽을 수 있음)을 결코 놓치지 않았다. 패러데이는 일에 매우 정열적이고 성실했으며, 관심 있는 분야에 대해서는 자신만이 알 수 있는 표시 방법으로 기록하면서 때때로 실험을 해보았다고 한다. 패러데이가 해본 실험들은 경제적인 여유가 없었기 때문에 대부분 간단한 것으로 지적 욕구를 충족시키기는 어려웠다.

이 제본공 기간에 패러데이는 두 번째 행운을 만나게 된다. 물론 이러한 행운들은 패러데이가 일상적으로 준비해 온 결과였다. 패러데이가 평상시에 대단히 성실하고, 틈틈이 자신의 관심 분야를 연구하는 것을 눈여겨봐 오던 제본소 사장의 도움으로 당시 대영 왕립 연구소(Royal Institution of Great Britain)에서 화학 분야를 연구하던 저명한 화학자 험프리 데이비 경의 화학 강의를 듣게 된 것이다. 데이비의 화학 강의에 심취한 패러데이는 강의 내용을 빠짐없이 기록하고 정리하여 책으로 제본했다. 이 시기는 또한 7년 고용 계약 기간이 거의 만료되던 시기였으므로, 패러데이는 자신이 정리하고 제본한 데이비의 강의 노트 복사본과 일자리를 구한다는 내용의 편지와 함께 데이비에게 보냈다. 그러나 그에게 그리 쉽게 행운의 여신은 미소를 보내지 않았고, 패러데이는 1812년 고용 계약이 끝남에 따라 일시적으로 힘든 노동을 하며 우울한 나날을 보내야만 했다.

이런 생활도 잠시뿐, 드디어 행운의 화살은 패러데이를 향해 날아가기 시작했다. 1813년 초에 왕립 연구소에서 데이비의 조수 가운데 한 명이 해고당하게 되었는데, 데이비는 해고된 조수 대신에 재목감으로 여겨 왔던 패러데이를 채용했다. 이때가 1813년 3월 18일로 패러데이가 22살 되던 해이다. 이 해 10월 패러데이는 데이비 부부의 유럽 대륙 여행에 따라간다. 패러데이는 이 여행 기간 동안 데이비 부부를 따라 프랑스, 이탈리아, 스위스, 독일, 벨기에를 여행하면서 화학자 베르톨레, 수학자이며 천문학자인 라플라스, 화학자이자 물리학자인 게이 뤼삭, 물리학자인 앙페르 등과 이탈리아의 물리, 화학자인 볼타 등 유명한 과학자들을 만나게 된다. 사실상 이때부터 7년간은 데이비의 탁월한 수제자로 있었기 때문에 패러데이의 독자적인 연구나 업적은 크게 없다. 왕립 연구소 데이비의 조수로 임용된 후 7년 동안 그는 데이비로부터 철저하게 화학 지식을 쌓았으며, 여러 과학자들을 만나면서 자신의 부족한 점을 채우기 위해 열의와 성의를 갖고 최선의 노력을 했다(이 7년 동안의 과정은 데이비의 생애를 참조하기 바란다).

7년간 위대한 스승 밑에서 예비 과학자 훈련을 받은 결과가 하나둘 나타나기 시작했다. 1820년에 패러데이는 탄소와 염소 화합물인 C_2Cl_6과 C_2Cl_4를 처음으로 만들어 냈다. 이 화합물들은 'Olefiant gas'(에틸렌)에 있는 수소를 염소로 치환해 만든 것이며, 최초로 치환 작용이 소개된 것이다.

1821년 패러데이는 30살 되던 해에 얌전하고, 가정적인 여자 사라 바나드(Sarah Barnard)와 결혼했다. 패러데이는 사라 바나드와 사랑에 빠지기 전까지 남녀 간의 사랑에 관하여 상당히 비판적이었다. 부인이 된 사라 바나드는 친구의 누이였으며, 패러데이와 같은 종교를 믿고 있었는데, 사랑을 느끼면서 친구를 통해 연애편지를 보내곤 했다고 한다. 그녀는 미인은 아니었지만 애교가 많았으며, 결혼 후 왕립 연구소에서 평생을 살면서 패러데이의 연구를 적극적으로 내조한 현모양처였다. 한 가지 재미있는 사실은 이들 부부에게는 자식이 없었는데, 패러데이는 아이들을 매우 좋아했던 것으로 전해진다. 패러데이가 결혼 후 살고 있던 왕립 연구소에는 언제나 아이들이 놀고 있었는데, 이 아이들은 사라 바나드의 조카들로 패러데이가 아이들과 함께 게임을 하며 같이 노는 것을 좋아했기 때문이었다.

결혼 후부터 패러데이는 전기와 자기에 관한 연구로 대부분의 시간을 소비했다. 1820년에 덴마크 코펜하겐 대학의 물리학 교수인 외르스테드가 전류가 흐르는 도선 근처에 나침반을 놓으면 자침이 움직인다는 것을 발견하고 그 사실을 발표했다. 이 발표가 있은지 얼마 지나지 않아 프랑스의 앙드레 마리 앙페르는 전류의 방향과 자침의 움직임에 관한 현상, 즉 전류의 자기 현상인 오늘날의 '오른나사의 법칙'을 발표했다. 일련의 이런 현상에 관하여 패러데이 역시 깊은 관심을 갖고 있었다.

1821년 9월 패러데이는 정교한 실험 장치를 사용하여 전류가 흐르는 철사 주위에 자석을 회전시키고, 이와 반대로 자석 주위에 전류가 흐르는 철사를 회전시키는 데 성공했다. 이런 성공은 월라스톤과 데이비의 실험 착상을 변형하여 이루어진 것이었다. 이 같은 실험을 하기 바로 직전에 패러데이가 연구실을 잠시 비운 사이에 월라스톤 박사가 데이비 연구실을 방문했다. 그는 데이비와 만나 전류가 흐르는 철사가 자석과의 상호 작용 때문에 철사축을 중심으로 회전할 것이라고 자신이 추측한 생각을 전하고 실험을 해보았다. 그러나 결과는 예상을 빗나가 움직이지 않았으며, 데이비는 패러데이에게 이 실험 사실을 말해 주었다. 패러데이가 1822년에 '전자기 회전 효과'에 관한 논문을 학계에 발표했을 때, 논문 내용 중에 데이비의 이 실험 지도 내용이 전혀 없었기 때문에 스승 데이비는 대단히 화가 났다. 결국 이 논문 내용은 대단한 것이었지만, 연구 표절

시비에 휘말려 패러데이는 다른 과학자들에게 비난까지 받는 수모를 겪어야만 했다. 실험 방법이 데이비와 윌라스톤의 방법과는 달랐음에 불구하고, 데이비의 강력한 여론 형성으로 패러데이는 이 비난을 받아들였다. 이 사건은 1824년 패러 데이가 왕립 학회 회원으로 추천받았을 때, 그 당시 이 학회 회장이던 스승 데이비만 강력하게 반대했을 정도로 스승과 제자 사이에 불신의 불편한 관계를 만들었다.

전자기 회전 효과 발견 후에 패러데이가 행한 실험들 가운데 하나는 전류의 이동으로 발생한다고 생각한 분자 사이의 변형을 조사하기 위해, 전기 화학 분해가 일어나는 용액 속에 편광된 빛을 통과시켜 보는 것이었다. 이에 관해서 1820년 이후 줄곧 자신의 생각이 옳다는 것을 증명하려고 많은 실험을 해보았으나, 아무런 성과를 얻지 못했다. 이때부터 1831년까지는 패러데이의 연구 대부분이 외부에서 의뢰 들어 온 것이었다. 1822년에는 철합금 연구, 1823년에는 염소와 황화수소 등의 액화에 관한 연구, 그리고 1825년에 벤젠의 발견, 광학 유리 개량 연구 등은 외부 의뢰로 진행한 연구들이었다.

이 외부 의뢰 연구의 대표적인 것들로는 벤젠의 발견과 광학 유리 개량 연구일 것이다. 19세기 초에 산업 혁명의 부산물로 런던에 가스등이 보급되기 시작했다. 이 가스등은 동물성 기름을 열로 만드는 기름 가스를 사용했다. 이 가스를 제공하는 곳은 포터블 회사였는데, 가스를 금속 용기에 압축할 때 조성 불명의 액체가 생겨났다. 1825년 회사는 패러데이에게 이 액체 분석을 요청했고, 따라서 패러데이는 이 액체가 오늘날의 벤젠인 탄소와 수소의 화합물이라는 것을 알아냈다. 그리고 패러데이가 열정적으로 매달렸던 연구 가운데 하나는 왕립 학회로부터 부여받은 광학 유리 개량에 관한 연구였다. 이 연구는 1825년부터 30년까지 5년 동안 진행되었는데, 별다른 성과를 얻지 못하고 중도에 포기했다. 그러나 이 연구로 망원경에 사용하는 광학 유리의 질을 개선할 수 있었으며, 굴절 지수가 매우 높은 광학 유리를 제작하는 데 성공했다.

1831년 봄에 패러데이는 진동 현상 이론 분야의 하나인 소리 이론(음향학)에 관해서 악기 제조업자이자 과학자인 휘트스톤(Charfles Wheatstone, 1802~1875: 후에 Sir Charles)과 함께 연구하기 시작했다. 패러데이는 특히 바이올린 활로 쇠판을 떨게 한 후 쇠판에 빛을 띠게 했을 때, 쇠판의 진동으로 생기는 독특한 빛 무늬 모양에 깊은 관심을 가졌다. 그리고 패러데이와 휘트스톤은 진동이 가능한 두 판을 가까이 놓고 바이올린 활로 하나의 판에 진동을 만들어 주었을 때, 가까이 있는 나머지 판에 어떠한 영향이 미치는가에 대해서도 실험했다. 패러데이는 이 실험에서 바이올린 활로 진동을 준 판의 영향으로 가까이 있는 판에 진동이 유도되는 현상을 보고 매우 고무되었다.

1831년 8월 29일에 패러데이는 전자기 유도 현상에 관한 최초의 실마리를 얻는 실험을 하게 된다. 두 개의 도선을 각각 코일로 감은 후에 각각의 코일을 종이나 천으로 절연시켜 가깝게 놓았다. 한 도선은 검류계와 연결했고, 다른 한 도선에는 전지를 연결시켜 전류를 흐르게 했다. 전류가 흐르는 동안에는 검류계 바늘이 움직이지 않았으나, 전지에 연결된 스위치를 열고 닫을 때 가까이에 있는 다른 코일의 검류계 바늘이 움직인다는 것을 발견했다. 이것을 계기로 패러데이는 정상 전류(한쪽 방향으로 꾸준하게 흐르는 전류) 대신에 전류의 방향(극성)을 계속 바꿔주면 다른 도선에 전류가 유도되는 현상을 발견한 것이다(이 부분에 대한 자세한 이야기는 법칙의 발견에서 다룬다).

패러데이는 전자기 유도 현상을 연구한 후에 전기에 관해 깊은 의문을 갖게 되었다. 이전부터 알려져 오던 전기뱀장어 또는 전기물고기의 전기와 정전기 발생기(기전기)가 만드는 전기, 볼타 전지의 전기, 그리고 자신이 발견한 전자기 유도에서 만드는 전기가 모두 같은 것인가? 아니면 새로운 형태의 전기가 존재하는가? 다른 법칙들을 따르는 전기 흐름(전류)이 존재하는가?에 대한 의문들이었다.

패러데이는 이런 전기들은 모두 같은 것이며, 전기힘 작용에서 나타나는 각기 다른 현상은 단지 같은 힘의 또 다른 형태라고 확신했지만, 만족스럽게 이것을 증명할 만한 실험적 사실들을 갖고 있지 못했다. 이런 이유로, 1832년 패러데이는 모든 전기는 똑같은 성질을 갖고 있고 같은 효과를 나타낸다는 것을 증명하기 위해 실험에 착수하게 된다. 이 실험 결과로 패러데이의 전기분해 법칙이 나오게 되었다. 또한 패러데이는 현재 전기, 화학 용어인 전해질, 전기분해, 전극, 양이온, 음이온이라는 단어들을 이 무렵에 만들었다. 이 용어들의 유래는 뒤에 전기분해 법칙에서 설명하기로 한다. 1833년 전기분해 법칙을 만든 후에도 1837년까지 정전기 유도, 전기힘의 본질과 전기 전도 등 전기 현상에 대해 집중적으로 연구했다.

1838년에 7년간의 전기 현상에 관한 실험 결과를 정리했는데, 오랜 기간 동안 정력적으로 몰두한 실험과 이론적인 연구 때문에 패러데이의 건강은 말할 수 없이 약해지기 시작했다. 패러데이는 나이 50세를 바라보면서, 그동안 수많은 연구로 몸은 지칠 만큼 지쳐 있었고, 여기에 류머티즘까지 겹쳐 정력적인 연구는 당분간 할 수 없었다. 게다가 젊었을 때, 대부분의 연구가 화학 분야였기 때문에 화학 약품 중독도 패러데이의 육체적 활동을 무기력하게 한 원인이 되었다. 1841년 패러데이는 병세가 더욱 악화되어 스위스로 요양을 떠나게 된다. 요양에서 돌아와 쇠약한 몸을 이끌고 패러데이는 또다시 연구를 했는데, 학문에 대한 열의는 정말로 대단했다. 1845는 9월에 광자기 회전 효과에 관해 논문을 발표하고, 두 달 뒤인 11월에 반자성체를 발견했다.

패러데이는 연구를 하면 할수록 자연에 존재하는 힘은 하나의 근원에서 나온다고 확신했다. 따라서 그 당시에도 잘 알려졌던 중력이나 전기힘, 자기힘은 서로 간에 전환되어야 한다고 생각했다. 더 나아가 패러데이가 확신하고 있는 "물질세계에 나타나는 여러 형태의 힘은 하나의 공통 근원을 갖는다"라는 것을 증명하기 위해 다양한 실험을 했다. 그러나 패러데이는 자신의 실험 결과를 분석하면서 더욱더 혼란만 생겼다. 그를 괴롭히는 것 가운데에 대표적인 것이 중력과 자기힘의 비교였다. 뉴턴 역학에서 중력은 물체와 물체 사이에 작용하는 중심력이 직선 형태로 작용함에 반해 자기힘은 곡선 형태로 작용하는 것이었다.

패러데이는 전기힘과 자기힘의 작용 형태를 정밀하게 분석하기 위해 빛과의 연관성, 진공 속에서 나타나는 현상 등을 연구했다. 이러한 연구 과정 가운데 광자기 회전 효과와 반자성체를 발견하게 된 것이다. 패러데이는 전기힘이 빛에 어떤 작용을 하지 않을까? 또는 자기힘이 빛에 어떤 작용을 하지 않을까?에 관해서 생각을 하고 증거를 만들기 위해 실험을 하게 되었다. 그러나 패러데이는 전기힘이 빛에 직접 작용한다는 아무런 단서도 잡지 못했을 뿐만 아니라 자기힘 또한 빛과의 연관성이 있다는 증거를 확보하지 못했다. 패러데이는 빛의 자화 현상을 발견하고자 했으나 실패하고 말았다. 실험 결과에 대한 좌절도 잠시뿐, 패러데이는 실험에 대한 천재적 기질과 불굴의 의지로 또 하나의 발견에 성공한다. 패러데이가 원기왕성하게 연구하던 1834년에 편광 현상을 가지고 전해질을 연구한 적이 있었다.

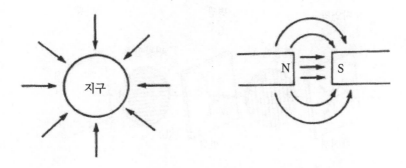

그림 1 | 자기힘선과 중력선 비교

패러데이는 그림과 같은 실험 장치를 가지고 패러데이 효과라고 하는 광자기 회전 현상을 발견한 것이다. 간단한 실험 장치에서 알 수 있듯이, 편광 빛이 전자석을 통과해 투명 물질 속을 지나가게 한 것이다.

이때 자기힘선과 편광된 빛과의 어떤 연관성을 알아내는 데 전자석에 전류를 흐르게 하여 자기힘의 선을 만들고, 한편으로는 전류를 차단하여 자기힘선이 없는 상태에서 비교 분석했다. 패러데이는 매우 높은 굴절 지수를 가진 광학 유리 속에 자기힘선 방향과 수직 또는 평행한 편광 빛을 통과시켜 보았다. 이 실험 결과 자기힘선과 평행한 편광 빛을 광학 유리에 통과시켰을 때 편광면이 회전되는 현상을 발견했다. 곧바로 이번에는

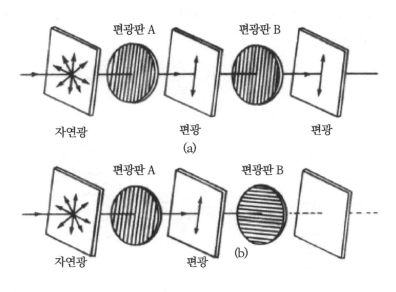

그림 2 | 편광 현상

자기힘선 방향과 수직인 편광 빛을 광학 유리 속에 통과시켜 보았는데, 마찬가지로 편광면이 같은 방향으로 회전한다는 사실을 알게 되었다. 이런 실험 결과를 가지고 패러데이는 광학 유리 분자 속에서 변형이 일어나 광자기 현상이 생기는 것이 아니라 자기힘선의 변형, 즉 자기 효과 때문에 이러한 현상이 일어난다고 생각했다. 결국 패러데이는 편광면의 회전 방향은 오직 자기힘선의 극성에 의존한다는 것을 밝혀내게 된 것이다. 1845년 11월, 이 광자기 회전 효과를 나타내는 물질들을 분석하는 가운데 패러데이는 어떤 물질들은 자기힘에 직접적인 영향을 받는다는 사실을 발견했다. 이때까지 알려진 보통의 자성체 성질과는 다른 새로운 자기적 성질이 물질에 존재한다는 것을 발견한 것이다. 패러데이는 자기힘선과 물질 사이에 밀접하게 관련된 작용은 두 부류가 있음을 밝혀냈다(여기서 이해를 쉽게 하기 위해 자기힘선이라는 단어의 사용보다는 더 큰 의미의 자기장이란 단어를 사용한다). 즉, 자기장 속에서 첫 번째 부류의 물질은 자기장이 센 방향으로 움직였고, 두 번째 부류의 물질은 자기장이 약한 방향으로 움직임을 밝혀냈다. 패러데이는 첫 번째 부류의 물질들을 상자성 물질(paramagnetics substances)이라고 명명했고, 두 번째 부류의 물질들은 반자성 물질(diamagnetics substances)이라고 불렀다.

1845년 광자기 회전 효과와 반자성체 발견 이후로 패러데이는 자신이 평소에 생각해 왔던 모든 힘의 근원은 하나라는 것을 밝히려고 노력해 왔다. 이런 연구 가운데 자기에 관한 연구도 꾸준하게 했는데, 1845년 이후 대표적인 연구 결과는 다음과 같다. 1848년에 결정의 자기 작용에 대

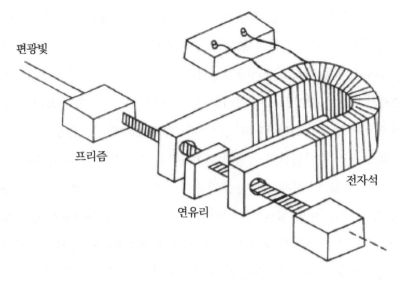

그림 3 | 광자기 회전 현상

한 실험을 했으며, 1849년 10월에는 베버의 주장에 대한 반박 실험을 하게 되었다. 자기힘선에 관한 논문을 발표한 이래, 1858년 진공 방전에 관한 연구 이후 나이가 들어감에 따라 위대한 실험 과학자는 평범한 노인으로 변해갔다.

패러데이가 34살 때, 왕립 연구소 연구실 주임으로 임명된 이후, 스승 데이비 뒤를 이어 일주일에 한 번씩 일반 시민들에게 과학 강연을 해왔다. 또한 매년 크리스마스 때는 아이들을 대상으로 크리스마스 과학 강연을 실시해 왔는데, 자라나는 아이들에게 과학에 대한 호기심을 불어넣어 주었다.

패러데이는 가난한 대장장이의 아들로 태어나 평생을 검소하게 살았다. 패러데이가 비록 가난한 환경 때문에 정규 교육을 제대로 받지 못했지만, 당시의 어느 과학자 못지않게 인내를 가지고 정성껏 실험을 했으며, 실험 결과들을 일반화시켰다. 패러데이의 생애 전부가 연구 활동을 빼면 할 이야기가 없을 정도로 강의한 시간을 제외하고는 대부분의 시간을 실험하는 데 소비했다.

패러데이는 대자연의 겸허한 교훈을 받아들였으며, 대자연의 신비를 이해하려고 노력했다. 또한 샌드머니안 교파의 신도로 아내와 함께 독실한 신앙을 지키며, 허영과 명예를 싫어했다. 1857년에 왕립 학회 회장으로 추대되었지만, 마지못해 허락했다가 곧 사퇴했다. 1830년 결혼 이후 왕립 연구소 2층에서 생활해 왔는데, 1858년 빅토리아 여왕은 영국의 과학 기술 발전에 기여한 공로로 햄프턴 궁(Hampton Court)에 있는 저택과 나이트작(Knighthood) 칭호를 주어 패러데이의 명예를 드높이려 했다. 그러나 패러데이는 평범한 한 사람으로 남고 싶다고 이것을 사양하다가 명예 칭호만 거절하고 하는 수 없이 햄프턴 궁 저택으로 옮겼다. 패러데이는 끈기와 인내를 가지고 평생을 연구에 전념했고, 아내와 행복한 가정을 이루며 살다가 이곳에서 76살의 일기로 1867년 8월 25일 생애를 마감했다. 패러데이의 묘지는 런던의 하이게이트(Highgate Cemetery)에 있는데, 패러데이의 기념비에는 다음과 같은 글귀가 남아 있다.

"New Conception of physical reality"

전자기 유도 법칙

1821년 9월 3일에서 5일 사이 패러데이 일지 내용 속에 전자기 유도 법칙 발견의 실마리가 되는 전자기 회전 효과 실험에 관한 이야기가 등장한다. 〈그림 4〉와 같은 실험 장치를 사용하여 전류를 흐르게 해 고정되어 있는 철사 주위에 자석을 회전시키는 실험에 성공했다(그림 왼쪽). 이와는 반대로 자석을 고정시키고 철사에 전류를 흐르게 했을 때 철사가 자석 주

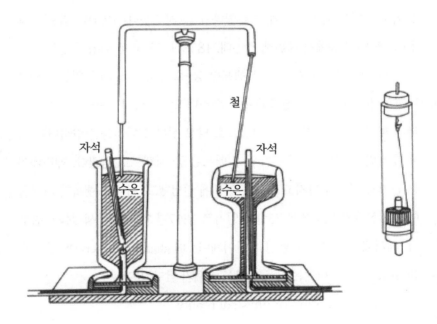

그림 4 | 전자기 회전 현상

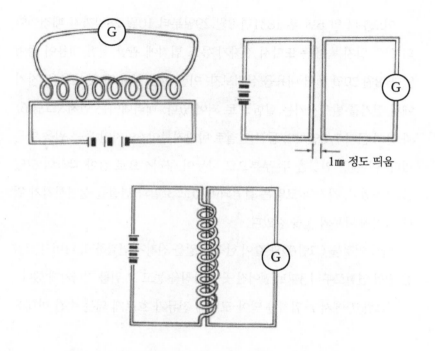

그림 5 | 패러데이가 1825년 11월 28일 한 실험 회로도

위로 회전하는 것을 관찰할 수 있었다(그림 오른쪽).

　전자기 유도 현상 발견 이전에 행한 중요한 두 번째 실험은 1825년 11월 28일에 있었다. 이날 패러데이의 실험 일지에는 '볼타 전지를 철사로 연결한 유도 실험'이라고 써놨다. 패러데이는 간단하게 꾸민 실험 장치로 전자기 유도 현상을 관찰하려고 했지만 그림을 통해 알 수 있듯이 그 결과는 당연히 실패할 수밖에 없었다.

이로부터 약 6년 후 1831년 8월 29일부터 10월 28일까지 패러데이의 실험 일지 속에는 또다시 전자기 유도 법칙에 관한 실험 내용이 들어 있다. 8월 29일 실험 내용을 살펴보자. 이날 실험 일지 맨 첫 내용은 '자기에서 전기를 발생시키는 실험'으로 되어 있다. 패러데이는 먼저 〈그림 6〉과 같이 굵기 7/8인치의 둥근 연철로 바깥지름이 6인치인 둥근 원을 만들었다. 이 원형 연철을 두 부분으로 나누어 구리선으로 감아 각각의 코일을 만들었다. 각각의 코일은 절연되어 있고 코일과 연철을 절연시키기 위해 사이에 나무와 실을 감았다.

다시 이것을 〈그림 7〉과 같이 한쪽 코일을 전지에 연결하고, 나머지 코일은 원형 연철로부터 3피트 떨어진 곳에 자침을 놓고 그 위를 지나가게 했다.

〈그림 7〉에서 스위치를 닫아 코일에 전류가 흐르게 되는 순간 반대쪽

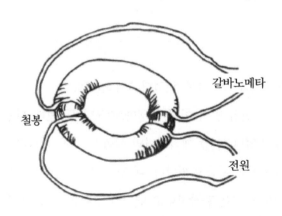

그림 6 | 자기에서 전기를 발생시키는 실험

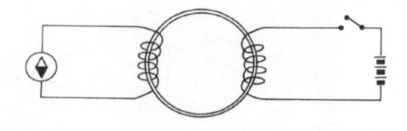

그림 7 | 자기유도 그림

에 있는 자침이 움직였다. 그러나 전류가 정상적으로 흐르는 동안에 자침은 다시 원상태로 돌아와 움직이지 않았다. 스위치를 여는 순간에도 스위치를 닫는 순간과 똑같은 현상이 일어났다. 패러데이는 다시 전지가 연결되어 있는 쪽의 코일을 많이 감아 같은 실험을 한 결과 자침이 더 많이 움직인다는 것을 발견했다. 그러나 이 자침에 작용하는 정도는 직접 전지의 전류가 흐르는 도선이 자침에 작용하는 것보다 매우 적다는 사실도 알았다. 패러데이는 지루할 정도로 이와 관련된 많은 실험을 했다. 때로는 다양한 코일을 만들어 실험하기도 했고, 때로는 여러 가지 금속선을 사용하기도 했다.

8월 29일 행한 실험에서 전지에 연결한 코일 대신에 영구 자석을 이용한 비약적인 실험을 9월 24일에 했다. 〈그림 8〉과 같은 실험 장치에서 쇠 막대를 영구 자석에 붙였다 떼었다 하면서 검류계 바늘의 움직임을 관찰했다. 여기서 패러데이는 쇠막대가 자화될 때, 그리고 자화되었던 것이

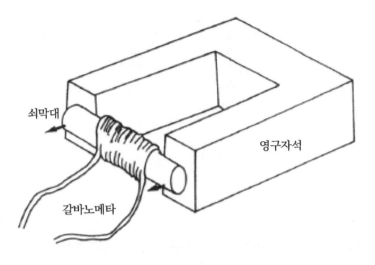

쇠막대

영구자석

갈바노메타

그림 8 | 영구 자석을 이용한 실험

소멸할 때마다 검류계의 바늘이 움직인다는 것을 알게 되었다.

　패러데이는 한 걸음 더 나아가 〈그림 9〉와 같은 간단한 실험 장치를 사용하여 드디어 자기에서 연속적인 전류를 만들 수 있게 되었다. 이 실험은 패러데이가 맨 처음 결과를 예상한 지 8년 만에 이루어졌다. 막대자석을 가지고 코일 속에 넣었다 뺐었다 해주면 검류계의 바늘이 계속해서 움직였다. 그러나 막대자석을 코일 속에 가만히 넣어 두면 검류계 바늘은 움직이지 않았다. 이것으로 자석을 이용하여 전기를 발생시키는 문제도 해결되었다.

　패러데이는 이것으로 만족하지 않았다. 좀 더 정교한 장치를 만들어

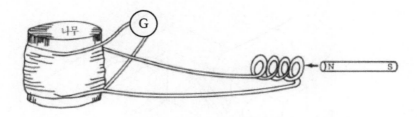

그림 9 | 막대자석을 이용한 전자기 유도

연속적으로 흐르는 전류를 발생시키고자 했다. 같은 해 10월 28일 패러데이는 육군대학의 크리스티 교수를 방문했다. 이 교수 연구실에는 왕립연구소 소유의 매우 강력하고, 큰 자석이 있었기 때문이었다. 이날 실험은 지름이 30㎝이고 두께가 0.5㎝인 둥근 구리판 끝을 강력한 말굽자석 사이에 넣어 회전시켜 보는 것이었다. 〈그림 10〉에서와 같이 구리판 가장자리에 마찰용 브러시를 접촉하고, 브러시와 구리판 축에 도선을 이용해 검류계와 연결했다.

이 둥근 구리판을 회전시키자 검류계 바늘은 연속적으로 움직이기 시작했다. 다시 말해서, 패러데이는 이 실험으로 계속해서 흐르는 전류를 만드는 데 드디어 성공한 것이다. 패러데이는 전자기 유도 실험을 정리하여 "변화하는 자기힘선 수에 비례하여 전류가 생긴다."라고 발표했다. 이 것이 바로 패러데이의 전자기 유도 법칙이다.

패러데이의 실험 결과들을 현재 사용하고 있는 물리적 개념을 사용하여 다시 정리해 본다. 패러데이의 〈그림 8〉과 〈그림 9〉 실험에서, 코일을

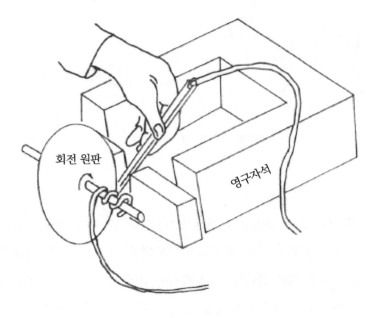

그림 10 | 회전원판

고정시키고 자석을 움직이거나 자석을 고정시키고 코일을 움직이게 하면 검류계 바늘이 움직이는 것을 발견할 수 있다. 검류계 바늘의 움직임은 전류가 흐른다는 것을 암시한다. 그리고 자석을 코일에 가까이 가져갈 때와 멀리할 때 검류계 바늘의 움직이는 방향이 달라지는 것으로부터 코일에 유도되는 전류의 방향은 자석의 운동 방향과 밀접한 관계가 있음을 알 수 있다. 이와 같이 코일과 자석 사이의 상대적인 운동으로 전류가 유도되는 현상을 전자기 유도(electromagnetic induction)라고 한다. 그리고 단지 자석의 움직임만으로 전기 회로 내에 전류를 흐르게 하므로 코일 양단에 기전력이 만들어진다고 생각할 수 있다. 이때의 기전력을 유도 기전력(electromotive force : emf)이라고 하며, 전자기 유도로 생긴 전류를 유도 전류라고 한다. 그러므로 이런 개념을 사용하여 패러데이 전자기 유도 법칙은 다음과 같이 표현할 수 있다. 수학 표현은 뒤에서 이야기한 「맥스웰의 전자기 이론」편에서 자세하게 다루었다.

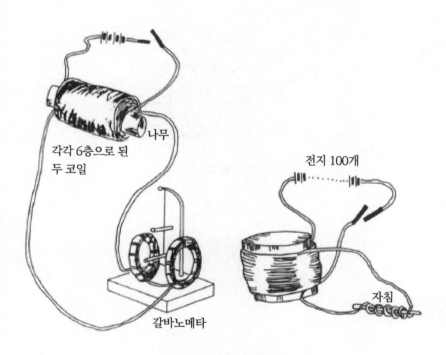

그림 11 | 페러데이의 실험 장치

˙ 전자기 유도 법칙 ˙

유도 기전력 ε의 크기는 코일 속을 지나는 자기힘 선속($\varPhi$) 시간적 변화율에 비례하고, 또 코일의 감은 횟수(N)에 비례한다.

$$\epsilon = -N\frac{d\varPhi_B}{dt}$$

$$\varPhi_B = \int \vec{B} \circ \vec{da}$$

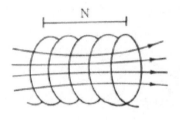

그림 12

전기분해 법칙

생애 편에서 간략하게 기술했듯이 전자기 유도 현상을 발견한 후 1832년부터 평소에 확신하고 있던 패러데이의 생각들을 정리해 보자. 패러데이는 전기, 자기에 관련된 연구를 하면서 모든 전기는 형태만 다를 뿐 전기적 성질이 같고, 같은 효과를 나타낸다고 생각해 왔다. 볼타 전기와 전자기 유도 전기는 흐르는 전기라는 점에서 일치했지만 정전기와는 달랐다. 이것은 패러데이에게 고민거리를 주었고, 인내와 확신을 갖고 이 문제를 연구하여 끝내는 놀랄 만한 두 가지 사실을 발견했다. 그 첫째는 그 당시 거의 정설로 믿어왔던 전기힘의 먼 거리 작용설이 연구 결과 신빙성이 없음을 알게 된 것이다. 이 당시에는 앙페르를 중심으로 한 힘의 먼 거리 작용설이 지배하고 있었다.

이 논리에 따르면 어떤 물질을 잡아당기고 떼어 놓는 데는 힘이 직접 작용하는 것이 아니라 물체 사이의 거리의 제곱에 반비례하는 힘이 작용함으로써 이루어진다고 했다. 이것은 중력, 전기힘, 자기힘 모두가 일정 거리에서 거리의 제곱에 반비례 형태로 끌어당기는 힘(인력)과 밀어내는 힘(반발력)이 작용하기 때문이다. 패러데이 역시 이때만 해도 힘의 먼 거리 작용설을 부인할 수가 없어서 이 논리에 초점을 맞춰 화학 분자들을 전기힘으로 떼어 놓으려고 했던 것이다. 그러나 화학 분자들을 분리하는 데 전기힘은 먼 거리에서 작용하지 않는다는 사실을 발견했다. 화학 분자들을 분리하는 데 전기가 분자의 분리를 만드는 전도 액체 매질을 통과하여

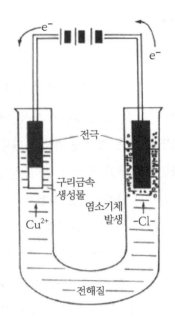

 부분 라벨:

전극

구리금속
생성물

염소기체
발생

Cu^{2+}

-Cl-

e^-

e^-

전해질

그림 13 | $CuCl_2$ 전기분해 장치

이루어졌으며, 심지어는 전기가 공기 속으로 발전하고, 또한 볼타 전지에서 나오는 전기가 극 또는 작용 중심을 통과하지 않았을 때도 이 화학 분자들의 분리가 이루어졌다.

두 번째는 전기분해할 때 분해되는 양은 용액을 통과하여 지나가는 전기의 양과 어떤 단순한 방식으로 관계가 있음을 알게 된 것이다. 이러한 사실의 발견은 정밀한 실험 후 1834년에 정리하여 패러데이의 연구 논문인 「전기학 실험 연구」 7편으로 발표했는데, 이것이 바로 패러데이 전기분해 법칙이다.

패러데이는 이 실험에서 자신이 직접 고안한 볼타 전기계(일종의 전압계)를 비롯하여 발생하는 기체들을 모을 수 있는 실험 도구들을 사용했다. 여기서는 복잡한 패러데이 실험 장치들을 생략하기로 하고, 대신 간단한 전기분해 장치를 사용하여 법칙이 나오게 된 배경을 더듬어 보자.

〈그림 13〉을 보자. 전지에서 나와 도선을 지나 흐르는 전류는 금속 전도로 전자들의 흐름(이동) 현상이다. 그리고 전해 전지 속에서의 전류는 전해질 전도로 전해질 속의 양이온과 음이온이 운반되어 흐른다. 전지에서

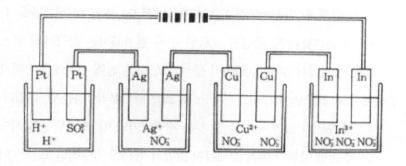

그림 14 | 전기분해 장치

한쪽 전극에 전자를 보내 음으로 대전되게 한다. 전해질 속에 양으로 대전된 구리 이온은 이 전극 쪽으로 이동하여 전자를 흡수해서 중성의 구리 금속을 생성한다. 반대 전극 쪽에서는 양으로 대전되기 때문에 음으로 대전된 염화이온은 전자를 내주고 중성이 되어 염소 기체를 발생시킨다. 이 과정을 통해 전극에 도달하는 이온 수가 많으면 생성되는 물질의 양도 많아진다. 다시 말하면, 전극에 만들어지는 생성물의 양은 전해질 속을 흐른 전기량에 비례한다. 이런 원리로 제1법칙이 나오게 된 것이다.

제1법칙에서 생성물의 양이 전기량에 비례한다고 했다. 그러면 전기량을 일정하게 했을 때 과연 모든 생성물의 양이 똑같을까? 패러데이는 〈그림 14〉와 비슷한 실험을 했다.

이와 같은 실험을 통해 전극에 생성되는 물질의 무게를 분석한 결과, 생성 물질의 무게는 전해질 수용액을 통과한 전기량과 일정한 관계가 있음을 밝혀내게 되었다. 〈그림 14〉의 경우에서 96,487C의 전기량을 전해 전지에 흘려보내면, 황산을 포함한 전해 전지에서는 양극에서 산소 7.9997g, 음극에서 수소 1.008g이 생성되고, 다른 전해 전지에서는 각각 음극에서 Ag 107.9g, Cu 31.773g, In 38.27g이 생성되는 것을 알 수 있다.

여기서 우리가 알아 두어야 할 것은 패러데이의 이 법칙 발견 당시에는 전기에 관한 단위가 아직 정해지지 않았기 때문에 정량적인 표현은 어려웠다는 것이다. 이러한 정량적인 표현을 위한 단위의 필요성이 인식되어 1880년대 들어서야 여러 단위를 국제적으로 정하게 된다. 현재 사용하고 있는 전기량을 C(쿨롬)이라고 하고 1C의 전기로 생성되는 물질의 양을 g으로 표시하는 기초가 여기서 세워진 것은 틀림없다. 따라서 패러데이가 말한 일정한 전기량은 쿨롬으로 나타내면 96,487C이며, 이것은 전자 1몰의 전기량에 해당한다.

패러데이는 전기분해 법칙을 연구하면서, 현재 사용하고 있는 전기 화학 용어를 만들었다. 다시 말해서 전극(Electrode), 전해질(Electrolyte), 전해(Electrolysis), 이온(Ion), 음이온(Anion), 음극(Cathode), 양이온(Cation), 양극(Anode) 등 이런 전기, 화학 용어는 이때 패러데이가 만든 것이다. 이용어 명명에 얽힌 뒷이야기가 전해지는데, 패러데이는 영국의 과학자이자 철학자인 휴웰(W. Whewel, 1794~1866)의 자문을 얻어 만들었다고 전해진다. 전극과 이온을 만드는데, 처음에는 알파(Alpha-α), 베타(Beta—β)를 본떠서 전극의 경우 알포드(Alphode), 베터드(Betode)라고 붙이거나 사람

이름인 볼타와 갈바니를 본떠서 '볼터드(Voltode)', '갈바노드(Galvanode)'라 명명하려고 생각했다. 그러나 α, β 또는 사람의 이름을 본떠서 만들면 나중에 무슨 의미를 나타내는지 알 수 없기 때문에 휴웰은 영어와 비슷한 의미를 갖는 그리스어를 사용하는 것이 어떻겠느냐고 자문을 주었다. 결국 이런 과정을 거쳐 그리스어에서 '가는 것'이란 의미의 이온(ion—goer), '위'라는 의미의 접두사 어나(ana-up), '아래'라는 의미의 접두사 카타(kata—down)를 사용하기로 했다. 이렇게 해서 음이온(Anion—ana+ion), 양이온(Cation—kata+ion), 음극(Cathode—kata+trode), 양극(Anode—Ana+trode)이 탄생하게 되었으며, 오늘날 중요한 전기, 화학 용어가 된 것이다.

˚ 전기분해 법칙 ˚

제1법칙: 전극에 만들어지는 생성물의 무게 [W]는 전해질 속을 지나간 전기량 [Q]에 비례하고, 전해질의 농도, 전극의 크기, 전기의 종류와는 관계없다.

$W = kQ$, k: 비례 상수(화학 당량)

$Q = It$, I: 전해질 속을 흐른 전류

          t: 흐른 시간

$\therefore W = kQ = kIt$

제2법칙: 일정한 전기량으로부터 얻는 생성물의 무게는 그 물질들의 당량 무게에 비례한다.

$F=(1g\ 당량/k)$ F(faraday): 전자 1몰의 전기량

$1F=96,487\ [C]$

자기힘선 이론

패러데이의 과학사적인 업적을 평가할 때, 다양한 실험 연구 결과로 발견한 물리적 현상들도 중요하지만 자기힘선에 관한 이론 정립이 가장 큰 비중을 차지한다고 본다. 왜냐하면 패러데이의 자기힘선 이론은 맥스웰이 장(field)의 개념을 도입하여 고전 전자기학을 완성하는 데 직접적인 단서가 되었기 때문이다. 여기서는 자기힘선에 관한 학문적인 이야기를 될 수 있으면 피하고, 역사적인 배경과 더불어 실험적인 현상을 중심으로 이야기하고자 했다. 이 부분은 뒤에 나오는 맥스웰의 전자기장 이론과 연관해 생각하면서 읽어 보면 전기, 자기학을 이해하는 데 많은 도움이 될 것이다.

1785년 쿨롱(Charles Augustin de Coulomb, 1736~1806)이 비틀림 저울을 사용하여 전기, 자기의 힘에 관한 실험을 한 후 1년 뒤에 이것을 정리하여 '힘의 법칙'으로 발표했다. 이것은 뉴턴의 '힘의 법칙'과 같은 형태로 전기를 띤 물체(대전체) 사이의 거리의 제곱에 반비례하며, 끌어당기는 힘 또는 밀어내는 힘으로 작용한다는 것이었다. 이러한 전기, 자기 현상을 설명하려고 많은 과학자가 이론적인 제시를 했지만, 앙페르에 이르러서야 비로소 어느 정도 체계를 갖출 수 있었다. 전기, 자기 현상을 설명하는 데 앙페르를 중심으로 몇몇 과학자가 제시한 전기, 자기힘의 먼 거리 작용설이 1820년대부터 정설로 과학계에 받아들여지게 되었다. 먼 거리 작용설이 나오기 이전에는 전기와 자기는 서로 독립적인 현상이라고 믿어 왔는데, 1820년 외르스테드가 전류의 자기 현상을 발견함에 따라 이 현상을 설명한 새로운 이론이 필요하게 된 것이다.

먼 거리 작용설의 주된 내용은 어떤 힘의 작용에 있어서 힘이 매개물을 통해서 전달되는 것이 아니라 비어 있는 공간을 뛰어넘어 작용한다는 것이다. 간단한 예로 중력의 경우 매개물 없이도 일정 공간 안에서는 항상 작용을 하며, 전기힘 또는 자기힘의 경우도 힘을 전달하는 매개물 없이도 작용하여 전기체나 자성체를 끌어당기기도 하고 밀어내기도 한다는 것이다. 더 나아가 힘의 먼 거리 작용설을 믿는 과학자들은 자기힘이 자석에 존재하는 전기적 분자 상호 간의 힘의 총합이므로 결국은 전기힘의 또 다른 표현에 불과하다고 주장했다. 이와 같은 간단한 가설로 전류의 자기 현상을 설명하는 것이 가능해졌을 뿐만 아니라 가설을 뒷받침하는 강력한 도구인 수학으로 설명이 가능했다. 패러데이는 처음에 이 먼 거리 작용설에 대해 부인하거나 긍정하지도 않았다. 철저한 경험주의자이자 실험가인 패러데이에게는 이 설을 부인할 만한, 그렇다고 긍정할 만한 뚜렷한 실험적 사실이 없었기 때문이었다. 그러나 패러데이는 전자기에 관련된 실험을 할수록 실험적인 현상들을 분석하면서 점차 이 먼 거리 작용설에 회의를 갖고 전자기 현상을 설명하는 데 자신의 독특한 방법을 발전시켜 나갔다. 자기 현상을 연구하는데, 앙페르 계통의 과학자들이 물질의 미시적인 상태를 통해 나타나는 현상들을 설명하려고 했다면 패러데이는 어떤 가설에도 집착하지 않고 거시적으로 나타나는 현상 그 자체를 설명하려고 했다.

패러데이가 자기힘선 이론을 본격적으로 연구하게 된 것은 아마도 1845년 11월에 반자성체를 발견한 후일 것이다. 물론 자기힘선 개념에 대한 언급은 이보다 훨씬 전으로 패러데이의 연구 논문에 수록되어 있다. 이중 대표적으로 언급된 논문은 1821년 『Quarterly Jounal of Science』지에 발표한 「On Some New Elcetro—Magnetical Motions, and on the Theory of Magnetism(어떤 새로운 전자기적 운동과 자기 이론에 관하여)」로 이 논문에 힘의 선(lines of force) 개념을 암시했으며, 1831년 유명한 전자기 유도 논문인 「전기학 실험 연구 1권, 시리즈 1(Experimental Researches in Electricity, vol. 1, Series1)」에서 처음으로 자기힘선의 개념을 사용했다.

자기힘선 이론의 정립 배경을 패러데이가 행한 실험을 중심으로 역사

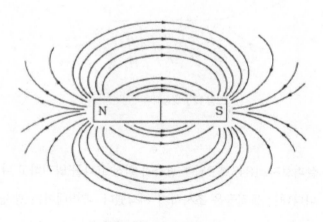

그림 15 | 막대자석의 자기힘선

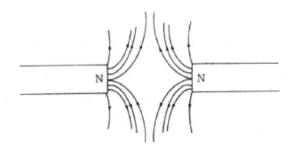

그림 16 | 동일한 자극 사이의 자기힘선

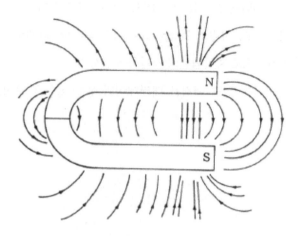

그림 17 | 말굽자석의 자기힘선

속에서 살펴보자. 1845년 9월에 광자기 회전 효과를 발견하고 나서 이런 효과를 나타내는 물질들을 조사하기 시작했다. 패러데이는 광자기 회전 효과를 나타내는 물질들이 자기힘에 의해 직접적으로 영향받는다는 것을 발견하고, 더 나아가 모든 물질은 자기힘에 대해서 자성체와 반자성체로 나누어진다는 것을 알았다. 이 반자성체는 그때까지 알려져 있던 자성체의 성질과는 전혀 다른 자기힘 성질을 갖고 있어서, 반자성체가 나타내는 새로운 현상들을 설명할 이론이 필요해졌다. 여기서 앞으로 전개될 이야기의 이해를 돕기 위해 패러데이가 왜 반자성체(diamagnetic)라고 이름 붙였는가에 대해서 살펴보고 넘어가자. 1831년 전자기 유도 법칙을 발표하면서 "자기힘선은 철 가루에 의해 그려지는 선, 또는 자침의 방향에 따라 그려지는 선을 의미한다"라고 했다.

〈그림 15〉, 〈그림 16〉, 〈그림 17〉에서도 알 수 있듯이 전기힘선과는 다르게 자기힘선은 모두 곡선 형태를 나타낸다. 막대자석에서의 자기힘선은 한 자극(N)에서 나와서 다른 자극(S)에 들어가는 모양을 나타내며, 전류가 흐르는 도선의 경우는 동심원 형태를 나타낸다. 여기서 중요한 사실은 자기힘선은 항상 나오는 샘(출발점: Source)이 있으면 들어가는 못(끝점: Pond)이 존재하는 것이다. 이것은 자극을 분리할 수 없음을 의미하기도 하며, 다시 말해서 독립된 두 자극이 존재하지 않음을 말해 준다.

이후 6년 뒤 패러데이는 1837년 11월에 「정적인 유도에 관해서(On Static Induction)」라는 논문에서 정전기 유도가 먼 거리 작용이 아니라 가까이에 있는 물질들에 의한 작용이라고 했다. 이 물질들은 가상적인 힘의 선을 나타내는데, 이 힘의 선을 유도력선(line of inductive forces)이라고 했으며, 정전기힘은 한 물질에서 다른 물질로 이 유도힘선을 통해 연속적으로 전달한다고 했다. 패러데이는 자기힘선과 이 정전기 유도힘선을 비

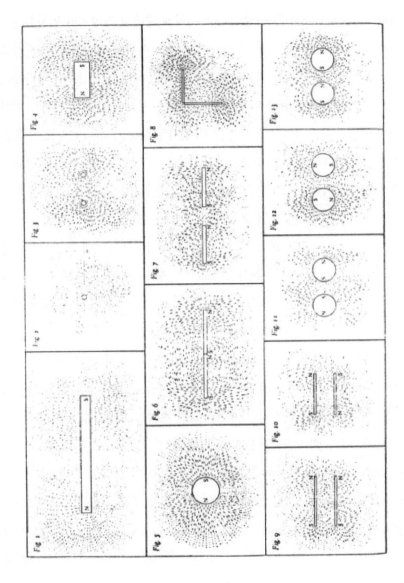

그림 18 | 자기힘선

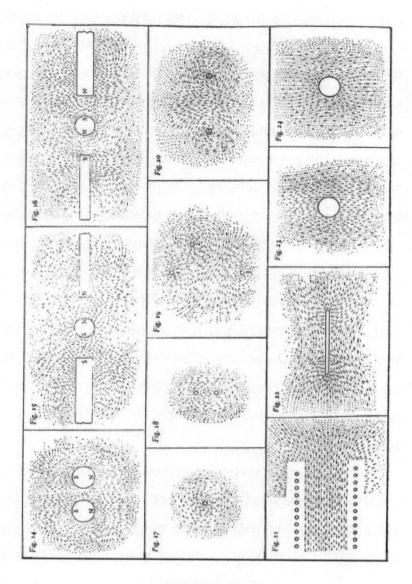

그림 19 | 자기힘선

교하면서 거의 비슷하게 취급했는데, 한 가지 중요한 사실이 그를 괴롭혔다. 정전기 유도힘은 매개물인 유전체(dielectics)에 의해 곡선을 통해서 작용하지만 자기힘은 매개물과 무관하게 작용한다는 점이다(패러데이는 유전체를 정의하기를, "전기힘이 통과하거나 교차함으로써 작용하는 물질이다"라고 했다) 패러데이는 유전체에 대비되는 어떤 것이 자기에서도 존재한다는 희망을 갖고 있었으나 발견하지 못하고 있다가 1845년 광자기 회전 효과를 발견하고 나서 비로소 패러데이의 희망은 사실로 다가왔다. 유전체가 도체와는 다른 전기적 성질을 갖고 있듯이 일반 자성체와 다른 자기적 성질을 나타내는 물질을 발견한 것이다. 이 물질을 패러데이는 유전체(dielectric)와 대비시키기 위해 처음에는 dimagnetic이라고 했는데 휴웰—전기화학 용어를 명명하는데 자문을 준 과학 철학자—의 의견을 받아들여 diamagnetic(반자성체)이라고 불렀다[이것은 dielectric에서 di—는 희랍어 dia(through 뜻)가 electric과 결합하면서 a와 e의 모음이 중복되어 a를 빼고 쓴 형태이지만 magnetic과의 결합에서는 문제가 없으므로 di 대신에 dia를 써야 한다는 것이었다]. 이렇게 해서 반자성체라는 말이 나오게 된 것이다.

이야기를 다시 자기힘선 이론으로 돌려보자. 패러데이는 실험 결과 이 자성체와 반자성체의 뚜렷한 차이는 자성체의 경우 자석을 끌어당기는 힘으로 작용하지만 반자성체는 밀어내는 힘으로 작용한다. 패러데이는 이러한 현상을 나타내는 원인을 분석하는데, 앙페르 계파와는 다르게 물질 내부의 미시적 작용에 초점을 두지 않고 거시적으로 나타나는 현상 그 자체를 중요하게 생각했다. 이러한 생각으로 패러데이는 실험을 통해 자성체는 자기 작용이 약한 곳에서 강한 곳으로 움직이며, 반자성체는 자기 작용이 강한 곳에서 약한 곳으로 움직인다는 것을 발견했다. 물론 이것은 거시적인 현상으로 항상 나타나는 것이며, 물질 내부의 미시적 상태와는 관계가 없는 것이다.

Carl Friedrich Gauss, 1777~1855

◆ 고집쟁이 천재 ◆

가우스

전자기학에서 전기장을 구하는 아주 편리한 공식인 가우스 법칙으로 잘 알려진 가우스
는 전자기학의 수학 응용 업적 외에 지자기 연구나 절대 단위계를 제정하는 데 지대한
공헌을 했음에도 불구하고 이 사실을 아는 사람들은 별로 없다.

생애

칼 프리드리히 가우스는 독일의 브라운슈바이크(Brunswick)에서 가난한 부모의 외아들로 1777년 4월 30일에 태어났다. 가우스는 어려서부터 수학과 언어에 많은 관심과 함께 재능을 보였다. 가우스의 어린 시절 유명한 일화이자 수학 재능을 잘 보여 주는 이야기 한 토막을 소개하고 넘어가자. 가우스가 초등학교에 다닐 때 어느 날 산수 시간에 선생님이 학생들에게 "1부터 10까지 모두 더하면 얼마나 될까?" 하고 문제를 냈다. 학생들은 열심히 연습장에 연필로 계산하고 있을 때, 가우스는 계산하지도 않고 곧바로 "55입니다"라고 대답했다. 선생님이 계산도 해보지 않고 어떻게 알았느냐는 질문에 아주 당연하다는 듯이 계산 방법을 이야기했다. 이 방법이 현재 수열에서 합을 구하는 방법이 된 것이다. 가우스 이 문제를 해결하는 데 수의 규칙성을 간파하고 원리를 이용했다. 다시 말해서 (1+10)+(2+9)+(3+8)+(4+7)+(5+6)=5×11=55가 되므로 쉽게 계산할 수 있었던 것이다. 이것은 더 나아가 (1+10)+(2+9)+……+(9+2)+(10+1)=11×10/2 형태, 즉 등차수열에서 1부터 자연수 n까지의 합을 구하는 공식인 n(n+1)/2을 어린 나이인 가우스는 간파하고 있었던 것이다.

가우스의 집안은 매우 어렵게 생활을 해나갔다. 어려운 가정 형편으로 계속 공부를 할 수 없었기 때문에 가우스의 재능을 눈여겨보고 아깝게 여겨왔던 초등학교 선생님과 어머니는 이 지방의 페르데난드 폰 브라운슈바이크 공작에게 가우스의 교육비를 맡아 줄 것을 부탁했다. 슈바이크 공작은 가우스의 교육비를 전적으로 책임질 것을 약속하고 가우스가 대학 졸업할 때까지 재정적으로 뒷바라지를 했다. 이러한 슈바이크 공작의 후원에 힘입어 가우스는 1799년에 헬름슈테트(Helmstedt) 대학에서 박사 학위를 받았다. 가우스의 박사 학위 논문 내용은 대수(algebra)의 기본 정리를 증명한 것인데, 가우스가 이것을 체계화시키기 이전에는 부분적으로 증명되어 있었다. 가우스는 이 논문에서 복잡한 계수를 갖는 모든 대수 방정식은 복잡한 해답을 가지고 있다고 주장했다. 이러한 문제점을 간결하게 표현하려고 노력한 가우스는 복소수(complex number)를 사용하지 않고 이 정리(theorem)를 증명하고 공식화했다.

가우스는 24세 때 수학사에서 가장 훌륭한 논문 가운데 하나인

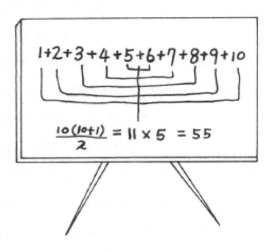

그림 1 | 가우스의 계산법

「Disquisitiones Arithmeticae」를 발표했다. 가우스는 이 논문에서 현대 수학에 체계적이고 광범위하게 영향을 끼친 수 이론 개념과 연산 방법을 공식화했는데, 이것이 바로 현재 우리가 알고 있는 정수(integers)론으로 정수의 연산 관계와 성질을 주로 설명했다. 이것은 수학에서 대단히 중요한 사건이었다. 가우스는 어떤 임의의 수가 다른 수에 의해서 나누어질 때 똑같은 나머지값을 갖는 합동수(congruent number)—예를 들면 숫자 7과 9는 2로 나누면 나머지가 1이 되므로 합동 가군(Congruent modulo)은 2가 된다—의 규칙성을 알아내고 수학 연산에 응용했다.

가우스는 수 이론(number theory)을 이용하여 n개의 변을 가지는 정다각형을 만드는 기하학에 대한 대수적 해답을 제안했다. 이 다각형 문제는 가우스에 앞서 유클리드(Euclid, 330~275 B.C.)가 연구했는데, 유클리드는 정삼, 사, 오, 십오각형과 이 다각형 변들의 2^n배 다각형을 기하학적인 방법으로 컴퍼스와 자만 이용해 만들 수 있다는 것을 보여 주었다. 이것에 관한 연구는 유클리드 이후 아무런 성과가 없었는데, 가우스는 변의 수 n이 $n=2^{2P}+1$(p=0, 1, 2, 3, ……)인 형의 소수일 때 즉, n=3, 4, 17, 257…… 일 때 자와 컴퍼스로 정다각형의 외접원 성질을 이용하여 그릴 수 있음을 발견한 것이다. 이 정다각형을 그리는 법은 앞서 말한 대로 유클리드 이후 첫 번째 발견으로 수학사에서 뿐만 아니라 당시의 수학자들 사이에 대단히 중요한 사건이었다. 가우스의 수 이론에 관한 연구는 기하학적인 도형 문제뿐 아니라 현대 대수학의 문제를 쉽게 해결할 수 있는, 즉 다시 말해서 대수방정식을 풀이하는 해결 방법에 많은 기여를 했다. 간단한 예를 들면 실수 a, b를 $a+b\sqrt{-1}$ 과 같은 형태의 다소 복잡해 보이는 식을 수 이론에 과감하게 도입한 것이다. 이와 같은 복소수(complex number) 도입은 가우스의 논문 「Disquisitiones Arithmeticae」에 소개되었는데, 1831년(발표는 1년 뒤인 1832년에 했음)에 그의 연구에서 x, y 평면 위에 도식화시킴으로써 복소수 이론이 어떻게 전개되는지를 상세하게 설명했다.

슈바이크 공작의 교육비 지원으로 공부하던 가우스는 자신의 수학적 재능을 세상에 알림과 동시에 공작의 후원에 보답할 기회를 가졌다. 19세기가 시작되는 전주곡이 연주되고 있을 무렵인 1801년 1월 1일에 이탈리아의 팔레르모 천문대에서 소행성 하나를 발견했다. 이 당시의 천문학자들은 케레스(Ceres)라고 이름 붙인 이 소행성의 관측 기간이 대략 40일 정도 된다는 것을 알아냈지만 그렇다고 해서 운동 궤도까지 알 수 있었던 것은 아니었다. 당시의 천문학자들 사이에서는 이 소행성 케레스의 궤도를 결정한다는 것은 불가능하다고 판단하고 있었다. 이러한 이유는 단순히 관측 기간이 짧았기 때문이었는데, 24세였던 가우스가 이 문제의 해결사로 등장하게 된 것이다.

가우스는 이 문제를 철저하게 수학의 힘만으로 해석했다. 시간, 적도, 편차의 삼요소를 관찰함으로써 궤도를 결정하는 방식을 택했다. 다시 말하면 초점의 하나를 알았을 때 공간에 주어진 3개의 직선에 교차되는 원추 곡선을 결정하는 수학 문제로 생각을 돌렸던 것이다. 따라서 이 문제는 결국 8차 방정식을 해결하면 원하는 정보를 얻을 수 있는 문제가 되었는데, 이 당시의 수학 수준에서 보면 8차 방정식을 짧은 시간에 해결한다는 것 역시 불가능하게 생각되었다. 가우스의 위대함은 행성 운동 경로를 관측에 의존하기보다는 수학을 도입하여 관측 이전에 추정할 수 있도록 한 것이며, 문제를 해결하고자 하는 데 전부터 알려져 오던 공식에 의존하기보다는 적극적으로 이에 알맞은 수학 법칙을 만들어 냈다는 점에 있다고 봐야 할 것이다.

가우스는 이 문제를 짧은 시간 안에 해결하고자 하나의 수학 공식을 만들어 냈는데, 이것이 현대 과학에서 어떤 문제를 해결하는데 적절하게 사용하고 있는 "최소 제곱법"이다. 가우스는 이 "최소 제곱법"을 이용하여 주어진 문제를 해결했고, 더 나아가 "오차론"을 만들어 근사계산의 속셈법뿐 아니라 계산의 신뢰도를 높였다. 가우스의 이러한 수학 이론은 1809년에 발표한 책 『Theoria Motus Corporum Coelestium』에서 자세하게 설명하고 있는데, 앞에서 이야기한 대로 오늘날에도 여전히 과학 연구의 중요한 수학적 수단일 뿐만 아니라 단지 몇몇 수식어만을 수정하여 현재 수학 계산에 필수인 컴퓨터 계산에도 그대로 적용하고 있다. 실제로 소행성 팔라스의 궤도도 정확하게 알아맞힐 수 있었는데 섭동—행성의 운동 궤도가 다른 행성의 끌어당기는 힘(만유인력) 작용으로 약간의 궤도 변화가 일어나는 현상—의 경우까지 포함하는 "오차론"을 발전시킨 것이다.

단지 3번의 관찰만으로 너무나도 정확하게 케레스 소행성의 운동 궤도를 이론으로 밝혀낸 가우스는 1801년 후반에서 1802년 초기에 걸쳐 천문학자들이 이 소행성 운동 궤도를 확인함으로써 세상 사람들에게 수학의 위대성과 더불어 가우스 자신의 이름을 알리는 계기가 된 것이다.

가우스가 소행성 케레스의 운동 경로를 수학적으로 해결할 당시만 해도 여전히 슈바이크 공작의 교육비 지원을 받고 있었기 때문에 별 어려움 없이 연구에 몰두할 수 있었으며, 이 때문에 1803년에 상트페테르부르크 대학(St. Petersburg college)의 교수 초빙 제안을 거절했다. 소행성 케레스의 연구가 인연이 되어 1807년에 가우스는 괴팅겐(Gottingen) 대학교에 설립된 새로운 천문대 대장이자 천문학 교수가 되었는데, 평생을 여기서 보내게 되었다.

　가우스는 보수적인 면으로 볼 때 매우 귀족적이고, 종교적이었다. 반면에 가우스가 살고 있던 시대의 진보적으로 개혁되고 있던 정치, 사회 흐름과는 무관했다. 수학에 관련된 천재적인 두뇌를 갖고 있던 가우스는 심오한 이론가로 잘 알려져 있었지만, 수학을 발전시키는 데 있어 좀 특이한 생각을 갖고 있었다. 가우스는 교육을 통해서 자신의 수학 이론을 전파해 나간 것이 아니라, 책 출판을 통해서 수학 발전을 꾀했다. 가우스는 수학을 가르치는 것을 싫어했다기보다는 오히려 가르침 자체(강의 교육에 의한 지식 전수 방법 그 자체)를 혐오했다고 봐야 할 것이다. 그렇다고 해서 자신의 수학 연구 결과를 즉각적으로 발표한 그런 수학자도 아니었다. 이러한 가장 큰 이유는 그의 성장 배경에서 어느 정도 짐작할 수 있다. 가우스는 어려서부터 수학에 총명했기 때문에 선생의 가르침을 받기보다는 거의 독학으로 지적 욕구를 채워 나간 인물이다. 여기에다 비교적 넉넉하지 못했던 생활 배경 속에서 주위의 유혹을 뿌리칠 수 있었던 그의 성격을 생각해 볼 때 자신이 살았던 사회 속에서 자신의 영역을 굳게 지킨 약간의 외고집이 강한 사람이었다. 가우스의 이러한 면 때문에 유명한 수학 교수임에도 불구하고 제자가 별로 없었으며, 때에 따라서 다른 수학자들과의 논쟁을 피하기 위해, 자신의 생활 규칙에 따라 출판도 꺼리게 되었다. 가우스는 자신이 만들어 놓고 지켜온 3가지 기본 원칙에 따라 연구에 몰두했다. 이 세 가지 기본 원칙은 "Pauca, sed matura(Few, but ripe)"와 자신이 좋아했던 좌우명 "해야 할 더 이상의 어떤 일도 남아 있지 않다(Ut nihil amplius desiderandum relictum sit. — That nothing further remians to be done)"였다. 가우스는 자신의 연구 작업에 이러한 원칙을 세워 놓고 이 원칙에 하나라도 만족하지 않는다고 판단되면 출판을 꺼렸던 것으로 전해진다. 이러한 가우스의 독특한 면모는 주제가 다양한 매우 많은 분량의 논문들이 그가 죽은 후에 빛을 보게 되는 이유가 되었다. 1849년에 가우스의 박사 학위 수여 50주년 기념행사가 있었는데 가우스는 이 행사를 위해 대수학 이론의 증명에 관한 새로운 편집을 했다. 이 책은 결국 가우스가 살아 있는 동안 마지막 출판이 되었다. 1820년부터 가우스는 관심을 돌려 측지학(geodesy)—지구 표면의 형태와 크기에 대해 수학적으로 결정하는 분야의 학문—이론 연구에 몰두했다. 현재 어떤 자료를 통계적인 분포 형태로 나타내는 데 가장 기본이 되는 가우스 분포는 이 시기에 만들어졌다. 가우스는 자료를 통계학적인 분포로 처리하는 연구뿐 아니라 측지학 연구에 연관시켜 지구의 형태를 결정하는 데 정열을 쏟았다. 가우스는 이 연구에서 실제로 지구 표면을 측정하고 측정 자료들을 분석하여 곡면 위에 놓인 곡선의 길이에 관한 곡면 이론을 체계적으로 정리했다.

이러한 연구 결과로 미분 기하학이 탄생하게 되었으며, 물리학을 이론적으로 다루는 데 필요한 수리물리학(mathematical physics)이 정리된 것이다.

가우스의 곡면에 관한 이론 연구는 많은 수학자에게 영향을 끼쳤는데, 아마도 가우스의 이 이론에 대해 가장 많은 영향을 받은 사람은 다름 아닌 가우스의 제자 가운데 한 명인 버나드 리만(Bernhard Riemann, 1826~1866)일 것이다. 리만은 가우스에게 영향을 받아 리만 기하학을 완성했으며, 후에 리만 기하학 이론은 아인슈타인(Albert Einstein, 1875~1955)의 유명한 일반 상대성 이론의 수학적 기초를 형성하는 데 크게 기여했다.

가우스의 결혼 생활은 순탄하지만은 않았다. 첫 번째 아내와 4년간의 결혼 생활에서 세 명의 아이를 낳았으며, 1809년 아내와 사별한 후 다음 해에 재혼하여 두 번째 결혼 생활(1810~1831)을 했다. 두 번째 부인과의 사이에서 두 명의 아들과 한 명의 딸을 더 낳았다.

지자기 연구와 절대 단위계

1831년 가우스는 베버를 괴팅겐 대학교에 물리학 교수로 추천하여 초빙했다. 이때부터 베버와 가우스는 함께 지자기학을 연구하기 시작했다. 2년 뒤인 1833년 괴팅겐에 지자기 관측소가 세워지고, 가우스와 베버, 알렉산더 폰 훔볼트(Alexander Von Humboldt, 1769~1859) 등은 주변 각 나라의 협조를 얻어 자기학 협회를 설립하게 되었다. 동시에 자기 관측소망을 설치하여 여러 지역의 자료를 수집할 수 있었다.

이 과정에서 지자기 측정법을 통일할 필요가 있었다. 이것은 훔볼트가 지자기힘을 측정할 때 사용했던 방법에 다소 문제가 있었기 때문으로, 가우스가 어느 지역에서나 수정하지 않고 측정할 수 있는 실험 장치 개량 작업을 착수하는 계기가 되었다. 훔볼트는 자기장 방향의 방위각, 복각, 자기장의 세기를 알면 지자기힘을 측정할 수 있는 장치를 만들어 사용했다. 그러나 이 실험 장치는 자침의 진동을 가지고 측정하는 것이었기 때문에 장소에 따라 진동 주기가 달랐으며, 또한 사용하는 자침의 자기 상태가 항상 동일하지 못하므로 장소나 관측 시간에 관계없는 절대적인 측정법이 될 수 없었다. 가우스는 이 문제점을 해결하고자 여러 실험을 해보았다. 이 수많은 실험을 통해 방위각을 정밀하게 측정할 수 있도록 꾸민 실험 장치를 고안했다. 가우스는 지자기의 수평성분(H)과 자침의 모멘트(M)를 구하기 위하여 〈그림 2〉와 같은 실험 장치를 만들었다.

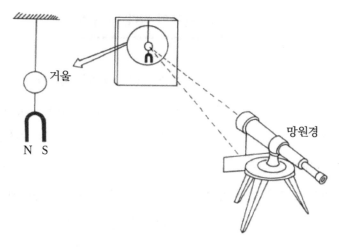

그림 2 | 지자기 실험 측정 장치

    가우스는 이 실험 장치에서 자침으로 말굽자석을 사용했는데, 이유는 자침의 관성능률을 최대한 작게 하여 측정의 정밀성을 높이려고 했기 때문이다. 이와 더불어 탄력이 작은 실을 사용하고 실에 거울을 부착하여 망원경으로 미세한 변화까지 읽도록 했다. 이 실험 측정에서 가우스가 중요하게 생각했던 것은 자침을 진동시켜 지자기의 수평 성분을 알아내고자 했던 것이다.

    가우스가 사용한 실의 관성능률(I)을 알 수 있다면 지자기의 영향 속에서 자유 진동하는 자침의 주기도 알 수 있었기 때문이다. 다시 말해서 자침의 주기(T)는 일반적으로 잘 알려져 있었기 때문에 이런 방법을 택한 것이다.

$$t = 2\pi \sqrt{\frac{I}{MH}}$$

$$\therefore MH = \frac{4\pi^2 I}{T^2}$$

또한 가우스는 지자기의 방향을 향해 자침에 수직한 방향으로 막대자석을 가까이 접근하게 하면서 방위의 각도를 측정했다. 이 방법으로 지자기의 수평성분(H)과 자침의 모멘트(M)의 비 M/H를 알 수 있다. 따라서 측정으로부터 구할 수 있었던 MH값과 M/H값으로부터 지자기의 수평성분을 알 수 있었던 것이다. 여기서 이 실험에 대해 장황하게 설명하지는 않았지만 가우스는 지극히 수학적으로 타고난 사람이었다는 것을 짐작할수 있다. 왜냐하면 이미 잘 알려져 있는 수학식으로부터 실험 결과를 유도하기 위해 실험 장치를 꾸몄기 때문이다.

가우스의 이 실험에서 우리는 생각해 볼 문제가 있다. 이때까지 절대단위가 없었기 때문에 가우스는 자신이 편리하다고 생각한 임의의 단위를 사용했다. 지금은 세계적으로 공통된 절대 단위가 있어서 단위의 척도를 금방 알 수 있지만 개인 각자가 서로 다른 단위를 사용한다고 생각해보자. 이것은 마치 서로 다른 말로 자기의 주장을 이야기하는 것과 같은것이다.

가우스는 지자기힘 연구를 진행하면서 이 문제를 심각하게 생각했다. 이 실험에서 가우스는 질량과 길이, 시간에 대하여 단위를 흔히 사용했던 피트나 라인, 파운드 등 대신에 밀리미터(mm), 밀리그램(mg), 초(s)를 사용했다. 가우스의 생각은 곧바로 행동으로 나타나 적극적으로 절대 단위계를 제안했다. 이를 가장 적극적으로 지지한 과학자는 동료 베버였다.

가우스로부터 절대 단위계의 제정을 인식했던 베버는 1846년, 1852년, 1856년에 발표한 논문에서 전기 분야에 대한 절대 단위계의 도입을 비추었다. 전자기학 분야의 절대 단위계에 대한 공식적인 채택문제는 영국에서 제일 먼저 시작했다.

1861년 영국의 대영 학술 학회와 대영 왕립 학회는 켈빈 경을 위원장으로 임명하여 절대 단위계 문제를 의논하기 시작했다. 국제적으로 단위를 통일할 필요가 있음을 인식하여 이로부터 20년 후인 1881년에 파리에서 전기학자 국제회의가 개최되어 절대 단위계가 만들어지게 되었다. 이 회의에서 확정된 단위는 가우스나 베버가 사용한 밀리미터, 밀리그램, 초 대신에 센티미터, 그램, 초를 기본 단위로 선정했다. 이와 동시에 전기 단위로는 볼트(V), 암페어(A), 쿨롬(C), 패럿(F)의 정의가 주어지게 된 것이다. 이후 1893년 미국 시카고에서 열린 세계 박람회 기간에 저항의 단위로 옴(Ω)이 정의됨에 따라 줄(J), 와트(W), 헨리(H)의 단위도 정의되었다.

✻ 현재 사용하고 있는 전자기 관련 단위 ✻

물리량	단위 명	단위 기호	단위의 환산 예시
전류	암페어	A	$1A=1C/s$
에너지	전자볼트	eV	$1eV=1.60 \times 10^{-19}J$
일률	와트	W	$1W=1Js$
전하량	쿨롬	C	$1C=1As$
전압	볼트	V	$1V=1J/C$
전기저항	옴	Ω	$1\Omega=1V/A$
전기용량	패럿	F	$1F=1C/V$
전기장	볼트매미터	V/M	$1V/M=1N/C$
자기장	테슬라	T	$1T=1N/Am$
자기힘선속	웨버	Wb	$1Wb=1Vs$
전기전도도	지멘스	S	$1S=1A/V$
인덕턴스	헨리	H	$1H=1Vs/A$

Gustav Robert Kirchhoff, 1824~1887

◆ 전기의 실용화를 이끈 과학자 ◆

키르히호프

우리는 일상생활에서 아무 생각 없이 전기를 사용하지만, 간단한 스위치 조작으로 전기를 마음대로 사용하기까지는 과학자의 숨은 연구 결과가 있었기 때문이다.
알고 보면 아무것도 아니지만 무 상태에서 유를 창조한다는 것이 과연 쉬운 일일까?

생애

구스타브 로버트 키르히호프는 독일 프로이센의 쾨니히스베르크 (Prussia Konigsberg)에서 1824년 3월 12일에 태어났다. 키르히호프가 20살이 되던 해인 1845년에 현재 전기회로를 분석하는 데 아주 중요한 법칙인 키르히호프 전기회로 법칙을 발표했다. 이것은 독일의 물리학자인 옴(Georg Simon Ohm, 1787~1832)의 이론을 확장해서, 전기 도체에 흐르는 전류 상태를 도식적으로 나타낼 수 있는 방정식을 일반화시킨 것이다. 1847년에 키르히호프는 베를린(Berlin) 대학교에서 보수가 없는 강사 (Privatdozent) 생활을 하기 시작했으며, 3년 후에는 브레슬라우(Breslau) 대학교의 물리학 특별 교수(Post of extraodinary professor)가 되었다. 1854년에는 하이델베르크(Heidelberg) 대학교에서 물리학 교수로 임명되었으며, 이 대학교에서 화학자인 분젠(R. W. E. Bunsen, 1811~1899)과 공동 연구로 스펙트럼 분석의 기초를 완성했다.

분젠버너로 유명한 화학자 분젠과의 만남은 브레슬라우 대학에서였다. 분젠은 1851년부터 1852년까지 약 1년간 브레슬라우 대학에서 화학을 강의했다. 분젠이 41세 되던 1852년에 하이델베르크 대학교 화학 교수로 임명되었는데, 그는 여기서 1855년에 분젠버너를 발명했다. 1859년에 자신이 발명한 분젠버너를 이용해 물질의 화학 분석법을 개발했다. 이 연구로 인해 곧 친하게 지내던 키르히호프에게 불꽃 이야기를 하게 됐고, 이때부터 분광기 연구에 들어가게 되었다.

분젠은 키르히호프에게 불꽃 속에 물질을 넣으면 물질의 고유한 특성을 가진 밝은 빛이 나타나는 현상을 보여 주었다. 키르히호프는 분젠에게 물질이 탈 때 내는 빛을 프리즘을 통해서 보자고 제안했는데, 이것이 분광학 연구의 동기가 된 것이다. 이들은 분광기를 만들어 물질의 화학 분석에 이용했다. 키르히호프와 분젠은 물질의 분광 분석 연구에서 아주 적은 양의 염화나트륨에 다른 물질을 섞어 불꽃에 넣었을 때 분광기에 나트륨 특유의 밝은 선이 나타나는 것을 발견했다. 이 연구를 통해 이들은 직접 만든 분광기가 3백만분의 1밀리그램 정도의 나트륨 극소량도 검출할 수 있음을 알아냈다. 키르히호프와 분젠이 이 분광 화학 분석을 연구하고 있던 때만 해도 물질의 화학 분석법은 기초적인 수준에 머물러 있었다. 대표적인 예로 금속에 대한 분석법의 경우, 여러 가지 화학 작용을 이용하여 금속 침전물을 만들어 색과 모양으로 화학 원소들을 구분했다. 이러한 방법은 다른 원소에 묻어 있는 극소량의 물질은 구분하기가 어려웠다.

그러나 분광기에 나타난 화학 원소의 스펙트럼은 물질 고유의 특정한 빛 파장이 항상 일정하고, 앞서 이야기한 대로 극소량에 대해서도 분석이 가능하므로 기존에 써왔던 분석법보다 매우 정밀할 뿐만 아니라 상당히 혁신적인 것이었다. 따라서 키르히호프와 분젠은 이러한 정밀 분석법을 이용해 새로운 화학 원소를 발견하고자 노력했다. 이러한 노력의 결과로 1860년에는 어떤 물질의 스펙트럼이 청색을 띤다는 것을 발견했는데, 이 원소를 세슘(cesium)—그리스 어원의 청색을 말함—이라고 했다. 그리고 1년 뒤인 1861년에 붉은색을 띠는 물질의 스펙트럼을 발견하고, 붉

은색이라는 그리스 어원을 따 루비듐(rubidium)이라고 했다. 그러므로 키르히호프와 분젠은 분광기를 이용해 세슘과 루비듐을 발견한 세계 최초의 분광학 분석 학자가 되었다. 키르히호프는 이 연구를 태양빛 분석에도 응용했다.

키르히호프는 빛이 기체 속을 지나갈 때 기체가 빛의 일부 파장을 흡수한다는 사실을 발견했을 뿐만 아니라 열복사의 흡수와 발산에 관한 연구로 복사론 연구의 선구자가 되었다. 키르히호프는 태양 광선의 스펙트럼에서 프라운호퍼선(Fraunhofer lines)이라고 부르는 검은 선이 생기는 원인과 이에 대한 해석을 이 복사론을 이용하여 설명했다. 이 발견은 천문학 분야에 지대한 영향을 미쳐 천문학 연구의 새로운 출발을 알리는 신호가 되었다. 키르히호프는 1875년 베를린 대학교의 수리물리 학회장으로 임명되었다. 자신의 연구를 묵묵히 수행하던 키르히호프는 1887년 10월 17일에 64살의 일기를 마지막으로 베를린에서 조용히 눈을 감았다.

전기 회로 법칙

19세기는 전기 자기학의 발달 부흥기다. 이러한 전기 자기학의 급격한 발전은 산업 혁명과 더불어 공업 기술에 즉각적으로 응용하고자 하는 시도도 많았다. 이 시기는 이미 증기기관의 발달로 육상 교통수단에 기차가 등장해 있었고, 산업 자본의 발달과 더불어 각종 정보 수집과 운송 수단의 발전을 필요로 하고 있을 때다. 이러한 사회적 배경은 전기 통신 기술의 발달을 재촉하는 결과가 되었으며, 당연히 많은 공학자나 과학 기술자들은 통신기술 연구에도 눈을 돌리게 되었다. 여기서는 키르히호프의 회로 법칙 발견과 아주 밀접하게 관련되어 있는 통신기술의 발달 과정을 간략하게 이야기하면서 전기 회로의 역사를 살펴보기로 한다.

전기 회로에 관해서 쉽게 이야기하자면, 현재 우리가 사용하고 있는 모든 전자 제품은 전압과 전류, 저항을 포함한 전기 회로로 만들어져 있다고 보면 된다. 모든 전자 제품을 뜯어 보면 어떤 것은 간단한 전선으로 전자 부품끼리 연결되어 있고, 어떤 것들은 매우 복잡하게 구성되어 있는 것을 볼 수 있다. 이렇게 전압, 전류, 저항을 포함한 회로 구성을 우리는 전기 기본 회로라고 하며, 이런 회로 구성의 가장 간단한 예로는 그림에 나타냈듯이 전지와 전선, 전구로 이루어진 직렬과 병렬연결을 들 수 있다.

이러한 회로 구성을 잘 생각하면서 통신의 발달과정을 살펴보기로 하자. 통신의 가장 기본적인 수단은 서로 약속한 어떤 신호를 주고받는 것이다. 역사적으로 볼 때 동양이나 서양이나 최초의 통신 수단은 소리였을 것이다. 그러다 불을 생활에 이용하면서 밤에 먼 거리에서도 관측이 잘 되는 불도 유용한 통신 수단이 되었다. 그러나 불을 이용한 이러한 통신 수단은 지형과 날씨 상태에 영향을 받으므로 많은 불편이 따른다는 사실을 쉽게 짐작할 수 있다. 따라서 날씨 상태와 어떤 지형에도 전혀 영향을 받지 않는 통신 수단을 발견하고자 과학자들이 관심을 갖게 된 것은 당연했다.

전기학의 발달 과정에서 17세기 말에 라이덴병을 이용해 정전기를 모을 수 있다는 것이 알려졌다. 이러한 발견은 곧바로 통신 수단에 응용하려는 시도를 하게 되었다. 전류의 화학 작용을 이용한 통신기의 등장은 볼타 전지가 발명된 직후인 1802년에서 1804년에 걸쳐 만들어졌다. 그

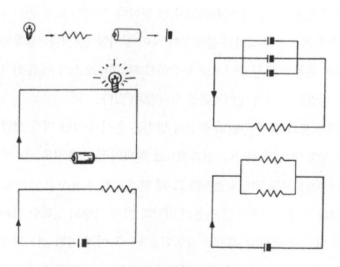

그림 1 | 직렬회로와 병렬회로

후 1809년에 독일의 좀머링(S. T. Sömmeling, 1775~1830)은 25개의 전극을 갖는 전기 화학 통신 장치를 만들었으며, 1년 뒤에 이것을 개량하는 데 성공했다. 1820년 외르스테드가 전류의 자기 현상을 발견함과 더불어 전류의 자기 작용에 관한 앙페르의 연구 결과는 본격적으로 전기와 자기 성질을 통신 수단에 응용할 수 있는 가능성을 암시했다. 1832년 쉬링(P. L. Schiling)은 전류의 자기 작용, 다시 말해서 전류의 작용으로 자침이 움직이는 현상을 이용해 통신 장치를 만들었는데, 이 분야를 지속적으로 연구한 대표적인 사람이다.

전자기 현상을 응용한 본격적인 통신의 등장은 1837년 미국의 초상화가인 모스에 의해서 이루어졌다. 모스는 전류를 길게, 짧게 송수신하여 이 전류로 전자석 장치에 부착되어 있던 테이프에 점과 선으로 이루어진 부호를 찍음으로 통신에 이용하고자 한 것이다. 이러한 모스 통신 수단은 1844년에 미국의 워싱턴과 볼티모어 사이에 시험 전신선을 설치하여 산업사회의 유용한 통신 수단으로 등장하게 되었다. 모스의 이 통신 수단의 발명은 정말로 대단한 것이었음을 짐작할 수 있다.

이러한 모스 통신 수단의 등장과 발전은 옴이 주장한 저항 개념 덕분이라고 생각해야 할 것이다. 결과적으로 현재의 무선 통신은 맥스웰의 전자기 이론으로부터 발전되었지만 그 외 현재 주로 사용하고 있는 유선 통신 수단과 전기의 수송로인 전선의 발달과 함께 저항의 정확한 정의도 필요하게 되었다. 볼타의 전지가 발명되고 난 후 여러 가지 전지의 발명과 더불어 이것을 산업사회에 응용하고자 시도했다. 이러한 전지의 산업화

응용 노력은 전선의 개량에서도 필요에 따라 많은 발전을 하게 되었는데 정확한 표준 저항값을 정해야 하는 문제가 있었다.

1838년에 독일의 렌츠는 이 당시 표준 도선 제11호 1피트(1ft=30.48 ㎝)의 저항값을 잰 후, 이 값을 기준 저항값으로 했다. 그리고 1843년 영국의 휘트스톤은 무게가 약 6.5g, 길이 1피트인 도선의 전기 저항을 기준값으로 했다. 키르히호프의 전기 회로 법칙을 발견하는 데 그 어떤 것보다도 직접적인 영향을 미친 것은 아마도 이 휘트스톤의 저항과 브리지 연구 결과일 것이다.

영국의 악기 제조업자였던 휘트스톤은 자신의 주 관심사였던 음향학에 많은 관심을 갖고 있었다. 1833년에 휘트스톤은 음향학 연구를 하면서 전기의 전파 속도에도 관심을 갖고 있었는데, 다음 해에 전기 전파 속도를 본격적으로 측정하고자 했다. 이러한 연구 경력 때문에 1840년 철도를 따라 전신선을 시험적으로 설치하고자 할 때 정부에서는 휘트스톤에게 전기 회로의 저항과 기기의 저항 측정을 맡겼다. 이 일이 계기가 되어 악기 제조업자라는 직업가가 생각하기에 따라서 직업과 무관한 전기 회로를 연구하게 된 것이다. 지금 우리가 알고 있는 휘트스톤의 브리지는 1843년에 발표한 「An account of several new instrument and processes for determing the constants of a voltaic circuit」이라는 긴 제목의 논문 속에 잘 설명되어 있다.

키르히호프도 저항 기기의 개량과 저항의 절대 표준값에 많은 관심을 갖고 있었으므로, 휘트스톤의 브리지 연구 결과도 당연히 살펴보게 되었다. 키르히호프는 휘트스톤의 연구 결과 논문을 면밀하게 검토한 후 1847년, 1848년에 계속해서 회로 법칙을 발표했다. 이것이 바로 회로 이론의 대표적인 법칙이라고 할 수 있는 키르히호프의 회로 제1, 제2법칙이다. 우리가 잘못 생각하면 당시에 전기 회로를 연구한 과학자는 키르히호프 한 사람 정도밖에 없다고 생각하기 쉬운데, 독일만 해도 여러 명의 과학자들이 비슷한 연구를 하고 있었다. 이런 과학자 가운데 대표적으로는 「옴의 법칙 편」에서 이야기가 나온 포겐도르프(J.C. Poggendroff, 1796~1877)와 베버, 퀸케(G.H. Quincke, 1834~1924) 등이 있다. 그리고 이 키르히호프 전기 회로 법칙은 나중에 영국의 맥스웰(James Clerk Maxwell, 1831~1879)이 현재의 수학적인 풀이 해석을 할 수 있게 재정리했다.

* 키르히호프의 전기회로 법칙 *

제1법칙: 닫힌 회로 내의 교점에서 그 점으로 흘러들어 오는 모든 전류
　　　　의 합과 흘러들어 가는 모든 전류의 합은 같다.

$$\sum I_i = \sum I_o$$

제2법칙: 복잡한 회로에서 임의의 닫힌 회로를 생각할 때, 각 부분의 저
　　　　항과 전류의 곱한 값, 다시 말해서 전압 강하의 대수 합은 그 회
　　　　로 내에서 같은 방향으로 작용하는 전지의 기전력 총합과 같다.

$$\sum \epsilon_i = \sum I_i R_i$$

간단한 계산 예

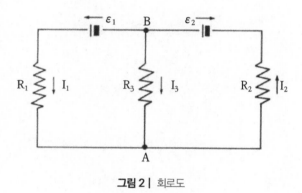

그림 2 | 회로도

분기점 A에서의 전류는 키르히호프 제1법칙을 적용하면 다음과 같다.

$$I_1 = I_3 + I_2$$

또한 폐회로에 작용하는 기전력은 키르히호프 제2법칙에서 알 수 있다.

$$\epsilon_1 = I_1 R_1 - I_3 R_3$$

$$-\epsilon_2 = I_2 R_2 - I_3 R_3$$

$$I_1 = \frac{\epsilon_1 (R_2 + R_3) - \epsilon_2 R_3}{R_1 R_2 R_2 R_3 R_1 R_3}$$

$$I_2 = \frac{\epsilon_1 \epsilon_3 - \epsilon_2 (R_1 R_3)}{R_1 R_2 + R_2 R_3 + R_1 R_3}$$

$$I_3 = \frac{\epsilon_1 R_2 - \epsilon_2 R_1}{R_1 R_2 + R_2 R_3 + R_1 R_3}$$

위에서 전류의 경우 음의 값을 나타내는데, 이것은 기전력의 방향이 변하지 않는 한 항상 나타나는 것이며, 이 문제를 풀기 위하여 마음대로 가정한 전류의 방향이 사실은 가정한 것과 반대 방향임을 의미하는 것이다.

James Clerk Maxwell, 1831~1879

◆ 전자기 이론의 완성 ◆

맥스웰

오늘날의 전자 시대, 우리는 단지 경이로움과 한편으로는 미래에 대한 두려움을 느끼며 살아간다. 우리가 미래에 대한 희망과 불안을 느끼며 살아가는 근본 원인이 전자기학의 급속한 발달 때문이라는 사실을 얼마나 알고 있을까? 맥스웰이 고전 전자기학을 집대성한 후 불과 100년이 지난 지금 맥스웰이 생존해 있다면 과연 무슨 말을 할까 궁금하다.

생애

    제임스 클라크 맥스웰은 1831년 6월 13일 영국의 에든버러(Edinburgh)에서 존 클라크 맥스웰의 외아들로 태어났다. 맥스웰의 집안은 비교적 명문 집안이었으며, 그의 아버지 존 클라크 맥스웰은 변호사였다. 원래의 가족 이름(성)은 클라크였는데, 그의 아버지가 선조로부터 미들비(Middlebie) 지방의 토지를 상속받은 후 성이 덧붙여졌다고 한다. 맥스웰의 부모는 늦게 결혼해서 맥스웰이 태어날 때 어머니 나이가 40살이었다. 맥스웰이 태어나고 얼마 후 맥스웰 가족은 선조가 물려 준 미들비 지방 글렌레어(Glenlair) 마을에 있는 커다란 집으로 이사했다. 맥스웰은 어려서 가정 교사에게 교육을 받았는데, 이 가정 교사는 우둔한 편으로, 맥스웰에게 어린 나이에 호기심이 너무 많고, 기억력은 뛰어나지만 학업 진도가 느리다고 다그치곤 했다.

    1839년 맥스웰이 9살 때 49살인 그의 어머니가 복부암으로 세상을 떠났는데, 묘하게도 40년 후 그의 어머니와 같은 나이에 같은 병으로 맥스웰도 세상을 떠났다. 어머니가 돌아가시자 숙모 제인 케이(Jane Cay)가 그를 보살폈다. 맥스웰은 1841년 에든버러 아카데미에 입학하여 16살까지 다녔다. 이 학교에서 맥스웰은 교과 과정에는 별 흥미가 없었다고 하며, 학교 시험 성적에도 특별한 두각을 나타내지 않았다. 하지만 그가 관심을 갖고 있는 분야에 대해서는 기초 교육 수준을 훨씬 넘어서 당시의 과학자들을 놀라게 했다. 대표적인 예로 14살의 어린 나이에 과학 논문을

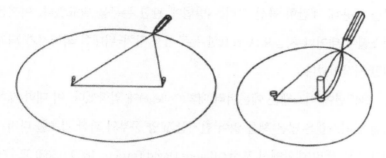

그림 1 | 계란형 곡선 그림을 그리는 방법

발표한 것을 보면 잘 알 수 있다. 물론 이러한 배경에는 아버지와 집안의 교육 환경이 크게 작용했다고 봐야 할 것이다. 이 당시 영국은 런던의 왕립 학회를 중심으로 각 지방에 학술 학회들이 활성화되고 있었다. 에든버러 지방에도 에든버러 왕립 학회(Edinburgh Royal Society)가 만들어져, 이 지방에 사는 법률, 문학, 과학, 기술에 관심이 많은 귀족들을 중심으로 과학자, 기술자, 법률가, 문학가들이 모여 다양한 문제를 자유롭게 논의했다. 아버지는 변호사였기 때문에 이 학회 회원이었는데, 어린 나이의 맥스웰을 데리고 가끔 이 학회에 참석했다.

1845년 맥스웰이 14살 되던 해 아버지를 따라 이 학회에 참석해서 흥미 거리 하나를 가지고 집으로 돌아왔다. 이 학회 회원인 화가가 계란형 곡선을 완전하게 그리는 문제를 냈다. 맥스웰은 이 당시 학교에서 이차 곡선 기하학을 배우기 시작했는데, 집에 돌아와 이 문제를 연구하기 시작했다. 맥스웰은 타원 그리는 방법을 유추하여 이 문제를 해결하고, 핀과

실을 이용해 계란형 곡선 그리는 방법에 관한 논문을 발표했다. 이것은 맥스웰이 태어나 처음으로 발표한 논문이자 장차 위대한 과학자가 되기 위한 시작이었다.

1847년에 맥스웰은 에든버러 대학(College)에 입학했다. 이 대학 재학 시절에 맥스웰은 많은 책을 읽어 철저한 교양 공부와 과학 기초를 다지게 된다. 에든버러 대학에서 포버스(James David Forbers, 1809~1868) 교수에게 물리학을 배우고, 수학은 켈란드(Philip Kelland, 1810~1879) 교수에게, 논리학은 해밀턴(William Rowam Hamiltton, 1805~1865) 교수에게 배웠다. 이 에든버러 대학 재학 중에 맥스웰은 과학 관련 논문을 2편 정도 발표했다. 1850년에 맥스웰은 케임브리지 대학교에 들어가서 그의 재능을 발휘하기 시작했다. 케임브리지 대학교에서 맥스웰에게 수학을 가르친 수학자는 '랭글러 메이커(Wrangler maker)'로 잘 알려진 윌리엄 홉킨스(William Hopkins) 교수였다. 이 교수는 영국의 저명한 수학자들을 많이 배출했는데, 이 가운데에는 맥스웰을 비롯하여 맥스웰과 어릴 적부터 친구였던 Peter Guthrie Tait, George Gabriet Stokes, William Thomson(후에 Kelvin 경), Arthur Cayley, Edward John Routh 등이 있다. 이 케임브리지 대학교에는 유명한 상이 두 개가 있었다. 수학 전공자 사이에서 가장 큰 영예로 생각하는 랭글러상과 스미스상인데, 1854년에 맥스웰은 랭글러상의 수석 자리는 Routh에게 내주고 차석을 했으며, 스미스상은 Routh와 공동 수석을 했다.

맥스웰은 이 대학교 소속 트리니티 대학의 특별 연구원으로 뽑히지만 아버지의 건강이 악화되자, 아버지가 있는 스코틀랜드 집에 잠시 머물렀다. 맥스웰은 이 기간 동안에 기체 분자 운동론과 색채 이론에 관한 연구를 했다. 맥스웰이 이때 연구한 기체 분자 운동론은 확률과 통계를 사용한 획기적인 방법으로, 나중에 통계 물리학의 권위자가 된 오스트리아 물리학자 볼츠만(Ludwig Eduard Boltzmann, 1884~1906)이 이 개념을 확장시켜 현재 기체들의 운동을 다룬 열, 통계학의 맥스웰─볼츠만 분포 법칙으로 사용되고 있다. 이것은 당시 과학자들 사이에 정설로 되어 있던 기체 분자 속도는 동일하다는 관념을 깨고 기체 분자들은 통계학적인 분포에 따른 운동을 한다고 주장한 것이다. 결국 맥스웰은 분자 집합 운동 특성을 설명하는데, 확률과 통계학을 적절하게 사용한 첫 번째 과학자가 되었다. 나중에 맥스웰은 이것에 관한 깊이 있는 연구를 통해 기체의 수송 특성에 관한 논문을 발표했다. 이 논문의 주요 내용은 기체 분자의 점성에 따른 온도 압력에 관한 변화 효과, 기체 분자의 열전도, 확산 작용 등에 관한 것으로 현대 기체 분자 운동론의 시초가 되었다.

맥스웰은 이론만을 위한 이론을 주장하는 순수 이론가는 아니었다. 맥스웰의 이러한 면모는 그의 연구 내용 곳곳에서 찾아볼 수 있다. 맥스웰은 케임브리지 대학교에 있는 동안 채색 관계에 대한 연구를 한 적이 있는데, 이 연구에 필요한 실험 장치들을 직접 설계하고 능숙하게 만들어 사용했다. 실제로 토머스 영(Thomas Young, 1773~1829)의 3색 이론을 실험하기 위해, 채색 관계를 연구할 수 있게 색 면적을 마음대로 조절할 수 있는 색채 팽이를 만들어 사용하기도 했다. 나중에 색소보다는 정확한 빛

파장을 이용한 스펙트럼 색으로 채색 관계를 연구하기 위하여 실험용 색채 상자를 만들기도 했다. 색채에 관한 연구 결과로 컬러사진은 기본 3색 필터를 통해 사진을 찍어 상을 형성하면 만들어질 수 있다고 주장했다. 1861년 맥스웰은 이 방법으로 필터를 투영해 찍은 체크 무늬 리본 컬러 사진을 왕립 연구소에서 행한 그의 강연 중에 보여 주고 설명했다.

1856년 맥스웰은 애버딘(Aberdeen) 대학교 마리샬(Marischal) 대학의 자연철학 교수로 임명되었다. 맥스웰은 이때부터 토성의 링 구조에 관하여 약 2년간 연구한다. 해왕성을 예견한 애덤스(John Couch Adams, 1819~1892)를 기리기 위해 세인트존스(Saint John's) 대학에서 애덤스상 현상 논문을 공고했는데, 여기에 맥스웰도 참여한 것이다. 현상 논문 주제는 토성의 링 구조에 대한 3개의 가정 가운데 가정의 옳고 그름을 이론적으로 증명하는 것이다. 이 세 가지 가정은 다음과 같은 것이었다. 첫째, 토성의 링은 고체이다. 둘째, 토성의 링은 액체이거나 일부분이 액체로 구성되어 있다. 셋째, 토성의 링은 서로 결합하지 않는 물질의 덩어리로 되어 있고, 그 안정 조건은 토성과 링의 끌어당기는 힘 작용과 서로 간의 운동으로 이루어진다. 맥스웰은 이 현상 논문에서 애덤스상을 차지한다. 맥스웰은 여기서 링은 서로 결합하지 않는 물질의 덩어리로 이루어졌다고 결론을 내렸다. 이러한 맥스웰의 이론적 연구는 100년이 지난 현재에 와서 우주 개척 시대가 가능해지고, 보이저 1호가 토성을 탐사함으로써 맥스웰의 주장이 실제로 맞다는 것이 증명되었다.

1858년 6월에 맥스웰은 마리샬 대학 학장의 딸인 캐서린 메리 다워

(Katherine Mary Dawar)와 결혼했다. 1860년에 애버딘 대학교의 두 구성 요소인 킹 대학과 마리샬 대학 사이에 합병이 일어났는데, 맥스웰은 이에 반대했다. 맥스웰은 마리샬 대학 교수직을 그만두고 모교인 에든버러 대학교의 결원 자리에 지원했으나, 학교로부터 거절당했다. 맥스웰은 결국 런던에 있는 킹 대학의 자연철학 교수로 임명되어, 향후 5년 동안 많은 연구와 함께 결실을 맺는다. 이 기간 동안 전기, 자기장에 관한 그의 중요한 두 논문이 발표되었고, 색채 사진술에 관한 그의 이론이 논증되었다. 1861년에 맥스웰은 왕립 학회의 회원이 되었으며, 기체의 점성에 관한 이론과 실험을 병행한 연구를 시작했다. 맥스웰은 이 기간 동안에 영국 과학 발전 협의회(BAAS, British Association for the Advancement of Science)가 전기 단위를 실험적으로 결정하는 데 감독관으로 참여했으며, 측정과 표준화에서의 이러한 일들은 국가 물리 연구소(National Physical Laboratory)의 설립을 이끌었다. 맥스웰은 또한 전자기의 유전율과 투자율을 측정하여 이것이 빛의 속도와 연관이 있다는 것을 예견했다.

맥스웰은 1865년 킹 대학 교수를 사임하고, 그가 어린 시절을 보낸 글렌레어로 돌아왔다. 이후 매년 봄마다 런던을 방문했으며, 케임브리지 대학교 수학 트라이포스(Mathematical Tripos) 외부 시험관으로 봉사하기도 했다. 1867년 이후 맥스웰은 대부분의 시간을 전기, 자기에 관한 연구를 하는 데 보냈다. 좀 과장된 표현을 빌린다면 맥스웰이 위대한 과학자로 우리들의 마음속에 남게 된 이유는 전자기 이론을 완성했기 때문일 것이다. 1873년에 발표한 전자기에 관한 논문의 서문에서 맥스웰이 밝혔듯이, 맥스웰의 전자기 이론 완성은 패러데이의 물리적 실재(physical ideas)들을 기초로 하여 수학적인 형태로 전환한 것이다. 맥스웰은 기계의 운동 역학적인 모델을 도입하여 전자기 현상을 설명했으며, 이 모델이 유전 매질에서의 변위 전류에 해당한다는 사실도 알아냈다. 이것은 또한 전자기 파의 존재와 전자기파가 빛의 속도와 같은 속도로 전파된다는 이론이 포함되어 있는 것이다. 그러나 맥스웰이 살아 있는 동안에 이와 같은 중요한 사실에 관심을 갖지 않아 실제적인 증명이 없었다. 이러한 물리적 현상은 맥스웰이 세상을 떠난 지 8년 후인 1887년 헤르츠에 의해서 처음으로 증명되었다(이 부분에 대한 자세한 내용은 「전자기 이론」 편에서 다루었다.)

1871년 케임브리지 대학교의 요청으로 캐번디시 연구소(Cavendish Laboratory)의 첫 실험물리학 교수로 임명되었다. 이 케임브리지 대학교 안에는 우여곡절 끝에 유명한 캐번디시 연구소가 설립된다. 맥스웰은 이 연구소 총책임자로 설계에서부터 연구소가 완성될 때까지 모든 것을 지휘 감독했다. 1874년 이 연구소가 완성되고 본격적으로 연구를 하게 되었는데, 맥스웰은 초대 실험물리학 교수로서 명예와 지위보다는 실질적인 연구를 강조하고 몸소 실천했다. 맥스웰은 캐번디시 연구소 실험물리학 교수로 있는 동안 제자들이 거의 없었는데, 이것은 이 대학교의 독특한 제도와 맥스웰의 특이한 성격 때문이었다. 소수의 제자들은 모두 나중에 영국의 과학을 이끌어간 명석한 두뇌의 유명한 과학자가 되었다(이 캐번디시 연구소와 관련된 생애는 뒤에 따로 이야기하겠다). 1879년 4월 15일부터 약 3주간에 걸친 부활절 기간부터 맥스웰의 병세가 악화되어, 앓아눕는

횟수가 늘어나기 시작했다. 맥스웰은 그해 6월 모든 사회 활동을 정리하고 고향인 글렌레어로 돌아와 휴양한다. 결국 맥스웰은 자신의 업적에 대해 아무런 공적인 명예도 얻지 못하고 역사 속에 남겨진 채 1879년 11월 5일에 40년 전 그의 어머니와 같은 병인 복부암으로 세상을 떠나고 말았다. 맥스웰은 스코틀랜드에 있는 파톤(Parton) 마을의 조그마한 교회에 조용히 묻혔다.

○ 캐번디시 연구소와 맥스웰
(Cavendish Laboratory at the University of Cambridge)

맥스웰의 후반기 생애와 함께 영국 근대과학의 부흥과 밀접하게 연관되어 있는 캐번디시 연구소를 영국 근대과학의 발전과 맥스웰에 대한 이해를 돕기 위해 따로 정리했다.

◁ 연구소의 이름이 왜 캐번디시인가?

분명 캐번디시는 사람 이름이다. 그것도 아주 이상한 성격을 가진 사람. 어찌 보면 괴팍한 과학자로 일생을 보냈던 캐번디시에 관해 간략하게 이야기하면서 연구소 이름의 유래를 알아보기로 하자.

헨리 캐번디시(Henry Cavendish, 1731~1810)는 1731년 10월 10일 프랑스에서 태어났다. 아버지는 영국 귀족으로 매우 많은 재산을 갖고 있었으며, 어머니가 몸이 아파 프랑스 지중해 연안 니스에서 요양을 하던 중 캐번디시가 태어났다. 건강이 그리 좋지 않았던 어머니는 동생을 낳고 프랑스 요양지에서 캐번디시가 2살 때 돌아가셨다.

캐번디시는 특이한 버릇을 갖고 있었다. 요즈음으로 말하면 일종의 대인 공포증으로 그 정도가 상당히 심했다고 한다. 캐번디시는 18살 때 케임브리지 대학교에 입학했지만, 끝내 졸업을 하지 않고 자퇴를 했는데, 자퇴 이유가 걸작이다. 케임브리지 대학교는 졸업을 앞둔 학생들에게 졸업 시험과 더불어 교수 면접을 진행했다. 그런데 캐번디시는 사람을 만나는 것, 이야기하는 것을 매우 싫어했기 때문에 교수 면접보다는 자퇴를 택한 것이라고 한다. 여기에다 여성 공포증도 매우 심했다고 하는데 집에서 여자 하인을 부르고도 용무는 말 대신 종이에 글을 써서 전하고, 이때 얼굴은 서로 보지 않도록 했다고 한다. 만일 집에서 캐번디시와 얼굴을 마주친 여자 하인이 있다면, 즉시 해고했다고 전해진다. 이런 괴팍한 성미를 가진 사람이 과연 결혼을 생각했을까? 물론 캐번디시는 평생 동안 사랑이라는 단어를 무색하게 만들었다. 캐번디시의 이러한 대인 공포증은 죽을 때까지 지속되었다. 그저 평범한 우리가 생각하기에는 아주 괴팍한 캐번디시. 그가 삶을 마감하는 그날에도 한 명밖에 남아 있지 않던 하인을 내보내고 고독을 즐기며 세상과 작별 인사를 나누었다고 한다.

정확하게 79년을 혼자 쓸쓸하게 보낸 괴인 캐번디시는 고독했다기보다는 말 그대로 삶 그 자체가 과학 연구였다. 캐번디시가 35살 되던 해인 1776년, 금속에 산을 뿌려주었을 때 쉽게 연소하는 기체가 발생한다는 사실을 발견했다. 또한 이 기체는 공기 밀도의 14분의 1 정도로 매우 가볍다는 것을 알아냈다. 이로부터 20년 후에 라부아지에에 의해서 수소라는 이름으로 불리게 된 이 기체는 캐번디시가 발견한 것이다. 캐번디시가 연구하던 화학 분야 외에도 전기 분야의 연구, 역학, 열역학 분야 등은 이 당시의 과학 수준보다 약 50년이나 앞서 빠르게 진행하던 매우 귀중한 연구였다. 그러나 이러한 캐번디시의 연구 결과는 그의 괴팍한 성격으로 인해 철저하게 알려지지 않아 세상 사람들의 주목을 받지 못했다. 캐번디시가 죽은 후 60년이 지나 맥스웰에 의해서 그의 연구 기록이 세상에 공개됨에 따라 얼마나 위대한 과학자였던가 알려지게 되었다. 대표적인 예로 쿨롱 편에서도 짧게 이야기했듯이 쿨롱이 전자기힘 법칙을 발견하기 훨씬 이전인 1772년 정밀한 실험 장치를 꾸며 정전기힘 법칙을 알아냈다. 또한 캐번디시는 뉴턴이 발견한 만유인력 법칙에서 만유인력 상숫값이 결정이 안 되어 있어 여러 가지 역학 계산에 어려움이 따른다는 사실을 알고 실험으로 만유인력 상수를 계산했다.

캐번디시의 생애에 관한 재미있는 사실이 많지만 다음 기회에 하기로 하고 여기서는 더 이상 다루지 않기로 한다. 그러면 연구소 이름의 유래에 관하여 간단하게 알아보자. 캐번디시는 죽을 때까지 혼자 살았지만 하나밖에 없는 동생은 정상적인 생활을 하며 결혼도 하고 자식도 낳았다. 캐번디시 일가는 선조 대대로 엄청난 재산과 더불어 공작 신분을 행사하고 있었기 때문에 캐번디시가 죽을 때도 역시 상당히 많은 재산이 있었다. 이 막대한 재산의 상속은 당연히 조카인 동생의 아들에게 돌아갔다.

케임브리지 대학교에 대규모의 연구소 설립을 추진하고 있을 때, 마침 이 대학교 총장이 캐번디시 조카의 아들인 데본쉬레(Devonshire) 공작이었다. 이 데본쉬레 공작은 결국 할아버지 재산도 물려받았지만 큰 할아버지인 캐번디시의 유산도 물려받았다. 그러므로 뒤에 다시 이야기가 나오지만 연구소 설립이 데본쉬레 공작의 재정 뒷받침으로 이루어졌기 때문에 이 연구소의 이름이 과학 연구에만 온 정열을 불태웠던 캐번디시를 기리는 뜻으로 붙여지게 된 것이다.

◁ 캐번디시 연구소와 맥스웰

19세기 영국 사회는 산업 혁명의 부산물로 공업이 급속도로 발전했다. 공업 발달은 또한 과학 기술의 진보와 밀접한 관계를 가지면서 자본의 확대 재생산과 더불어 새로운 공업 기술의 재창출을 필요로 했다. 이것은 일부 특권층인 귀족 계급의 소유물이었던 과학, 기술 연구가 시민 계급 출신도 수용할 수 있는 기회가 주어졌으며, 따라서 학회 중심의 과학, 기술 연구도 각 대학으로 분산되기 시작했다. 이러한 변화의 기류를 제일 먼저 민감하게 받아들인 곳이 현대 과학 기술의 메카라고 할 수 있는 케임브리지 대학교였다.

캐번디시 연구소가 설립되기 전의 케임브리지 대학교는 과학 교육과 우수한 과학자 배출은 수학 트라이포스(수학 우등 졸업 시험)에 전적으로 의존하고 있었다. 그러나 이 당시 수학 트라이포스는 시대의 급격한 변화에 대처하지 못한 채, 당시의 첨단 과학을 수용하지 못했다. 실제로 19세기 중반인 1850년대까지 수학 트라이포스 과목은 동역학, 천문학, 유체 정역학, 광학, 음향학, 기초적인 유체 동역학만을 포함하고 있었으며, 당시 첨단 학문이었던 열역학, 전자기학, 진동학 등은 시험 과목에 포함되지 않았다. 이러한 이유로는 여러 가지가 있겠지만 크게 진보와 보수 세력의 세력 다툼에서 언제나 보수 세력의 역할이 크게 작용하기 때문이었다. 1850년부터 논의되기 시작한 수학 트라이포스 과목 조정은 이후 20년이 지난 1871년에 캐번디시 연구소의 설립과 함께 시범적인 운영 형태로 그 모습을 드러내게 된다.

1868년부터 구체적인 운영 계획안이 마련되기 시작했는데, 주된 내용은 대학교 안에 대규모의 연구소 설립과 함께 연구소를 이끌어나갈 실험물리학 교수직을 설치하는 것이었다. 이 실험물리학 교수는 학생들에게 열, 전기, 자기 등을 강의하도록 임무가 부여되었으며, 연구는 개인적인 것으로 취급되었다.

거대한 연구소 설립에 따른 재정과 초대 실험물리학 교수 선임에는 어려움이 따랐다. 케임브리지 대학 평의회에서 추진하고 있던 이러한 사업은 재정 확보에 어려움을 겪어 모든 것을 백지화해야 할 상태까지 갔었으나, 다행스럽게도 당시 이 대학교 총장인 데본쉬레 공작의 막대한 지원에 힘입어 계속 추진할 수 있었다. 또한 초대 실험물리학 교수 임용도 그리 쉽지는 않았다. 대학 평의회는 처음에 과학계에 널리 알려진 윌리엄 톰슨 켈빈 경에게 실험물리학 교수 자리를 제의했으나, 거절당하자 독일의 헬름홀츠에게 제의했다. 그러나 헬름홀츠 역시 제의를 거절하자, 당시 과학계에 비교적 잘 알려지지 않았을 뿐만 아니라 과학계를 떠나 자신의 고향에서 조용하게 보내고 있던 맥스웰에게 제의했다. 맥스웰 역시 처음에는 이 제의를 거절했으나, 켈빈 경을 비롯하여 주위 많은 사람의 간곡한 설득으로 수락했다고 전해진다. 이러한 우여곡절 끝에 마침내 1871년 3월 8일에 맥스웰이 캐번디시 연구소의 초대 실험물리학 교수가 되었다.

맥스웰이 교수로 취임한 후 연구소 운영에 관한 모든 것이 맥스웰의 의도대로 진행되었다. 취임 후 첫 번째로 그가 한 일은 연구소를 짓는 일과 강의를 하는 일이었다. 맥스웰은 여러 유명 과학자의 연구실을 견학했으며, 자신이 구상한 것을 실현하기 위해 연구소 건물을 직접 설계하고 건축을 지휘 감독했다. 또한 건물이 완성되기까지 강의도 병행했는데, 1871년 가을 첫 강의에 연구 실험을 지도한 제자가 2명이고 그가 눈을 감은 1879년 당시 제자가 2명밖에 없었을 정도로 많은 학생을 지도하는 데는 실패했다. 이것은 맥스웰의 부족함이라기보다는 이 당시 맥스웰이라는 인물이 학생들에게 거의 알려지지 않은 무명인 데다 이 대학의 독특한 제도 때문이었다.

이 당시 케임브리지 대학교는 오랜 전통을 가진 독특한 제도가 있었다. 대학교(University)와 대학(College)의 차이를 잘 나타내는 이 제도는 대학교 안에 대학들이 속해 있음에도 불구하고 실질적인 모든 권한은 대학이 갖고 있었다. 학생들은 대학에 소속되어 있어 특별한 경우를 제외하고 모든 교육은 대학에서 받았다. 이것은 대학교 소속 교수 강의에 학생들이 반드시 참석해야 할 아무런 의무가 없다는 것을 의미하며, 참석한다 해도 학생들에게 가장 민감한 수학 트라이포스 과목에만 집중되었다. 이런 이유는 트라이포스 시험 성적 결과에 따라 특별 연구원 자격, 고용 기회 등이 주어졌기 때문이었다. 결과를 중시하는 사회에서는 동서고금을 막론하고, 학생들의 촉각을 곤두세우는 일이 아닌 이상 결과가 필요한 일 이외에 학생들의 무관심한 습성은 당연한 것인지도 모른다. 그러므로 이 케임브리지 대학교 학생들은 아직 시험 과정이었던 이 연구소에 대한 관심이 적었고, 더군다나 이 연구소 책임자인 맥스웰에 대한 평가도 학생들 사이에서 관심을 끌만 한 매력이 없었다. 그리고 학생들 스스로가 당장 드러나는 결과에 너무 민감했기 때문에 연구소 초기에는 지원 학생들이 많지 않았다. 실제로 맥스웰의 지도를 받은 소수의 학생들은 거의 대부분이 트라이포스 시험과는 전혀 관계가 없는 대학 졸업생들로 과학자의 길을 가고자 하는 특별 연구생들이 많았다.

1874년 5월 연구소를 짓기 시작한 지 3년 만에 건물이 완성됨에 따라 1874년 6월 16일부터 정식으로 캐번디시 연구소 문을 열었다. 맥스웰이 캐번디시 연구소를 이끌어갈 동안 주요 연구 대부분이 전자기에 관련된 것들이었다. 맥스웰은 연구소 교수로 초빙되어 오기 전부터 전자기에 관한 연구를 해왔는데, 이 연구소가 본격적인 활동에 들어가자 자신의 연구를 연구소의 주요 연구 사업 중의 하나로 진행하게 된 것이다. 어쩌면 전기, 자기의 시대적 흐름에 비추어 볼 때 이것은 당연한 것일지도 모른다. 맥스웰은 1873년 전자기에 관한 논문 「전기 자기에 관한 보고서(Treatise on Electricity and Magnetism)」를 발표했는데, 이것은 과학사의 찬란한 미래를 예시한 것이었다. 이 논문의 발표와 더불어 이 분야에 관심 있는 유능한 젊은 과학자들이 이 연구소로 찾아와 맥스웰의 제자가 되었다. 맥스웰은 자신의 이론에 관해 실험하기보다는 정확한 측정 기술과 단위를 표준화시키는 데 노력했으며, 이러한 작업 중의 하나가 옴의 '전기 저항 법칙'을 검증한 것에 잘 나타나 있다. 맥스웰의 이론에서 예견된 전자기 현상은 이론가답지 않게 실험의 중요성을 간파하고 강조한 맥스웰 자신보다는 오히려 제자들과 다른 과학자들에 의해서 실험적으로 증명되었다. 캐번디시 연구소의 특유한 분위기는 맥스웰의 과학 연구에 대한 생각과 매우 밀접하다. 왜냐하면 이 연구소의 창립 과정에서부터, 더불어 나중에 맥스웰 이후 이 연구소를 이끌어간 제자들이 암암리에 그의 영향을 받았기 때문이다. 맥스웰이 1871년 10월에 이 연구소 취임 강연에서 실험을 '보여 주는 실험(Experiment of Illustration)'과 '연구하는 실험(Experiment of Research)'으로 분류한 뒤, 자신의 주된 생각인 '연구하는 실험'을 강조했다. 이때 당시 대학의 보수 세력이 다수였던 점에 비추어 볼 때 이것은 매우 혁신적인 사고로 주위에서는 이제껏 진행해 왔던 전통에 대해 우려를 표명할 정도였다.

그러나 맥스웰은 이 연구소가 진정으로 해야 할 일과 역할을 잘 파악하고 있었으며, 미래를 내다보는 식견도 가지고 있었다. 이러한 과정을 거쳐 캐번디시 연구소는 독특한 새로운 전통을 만들어나갈 수 있었다. 맥스웰은 이 연구소에서 연구하고자 하는 사람들에게 문을 활짝 열어 놓았다. 그뿐만 아니라 여기서 연구하는 학생들에게 진정한 연구자(researcher)의 자질이 무엇인가를 스스로 깨닫게 했다. 맥스웰은 학생들 스스로가 흥미를 갖고 있는 실험 과제를 선택하도록 배려했을 뿐만 아니라, 실험하는 데 필요한 실험 장비의 선택과 장비 사용법 등을 스스로 익히도록 세심하게 배려했다. 맥스웰은 학생들이 찾아와 도움을 요청했을 때만 자신의 의견을 조심스럽게 제시하곤 했으며, 한두 명의 연구 지원자만을 데리고 자신의 연구를 했다. 또한 맥스웰은 자신의 임무를 게을리하지 않았다. 의무적으로 해야 하는 실험 강의뿐 아니라 연구소에서 진행하고 있는 모든 연구에 관심을 갖고 좀 더 좋은 연구 결과가 나오도록 분위기를 이끌어갔다. 맥스웰이 이 연구소에 있는 동안 매일 이방 저방을 돌아다니며, 진행 중인 연구에 대해 학생들과 토론하며 때로는 어떤 문제 의식을 제안하기도 했는데, 이러한 그의 과학적 태도는 과학자로서의 자질과 자상한 과학자의 면모를 잘 드러내 준다.

맥스웰에 의해서 다져지기 시작한 이 연구소 특유의 창조적인 연구 분위기는 대대로 이어져, 연구소 설립 이후 100년에 걸친 역사 속에서 노벨상 수상자 가운데 30여 명이 이 캐번디시 연구소에서 나왔다. 물론 이것은 맥스웰의 업적 중 하나라고 평가할 수 있을 것이다.

앞에서 주로 근엄한 과학자의 면모만 이야기한 것 같아, 맥스웰이 상당히 재미있는 과학자였다는 것을 단적으로 잘 나타내는 일화 한 토막을 마지막으로 소개하고자 한다.

맥스웰은 어려서부터 글을 잘 읽고 그림을 잘 그렸다. 어린 시절의 이러한 심성은 어른으로 성장한 후에도 어느 정도 지속되는데 맥스웰은 꽤 많은 사람들과 편지를 주고받았다. 맥스웰이 편지 쓰기를 좋아했다는 근거 자료는 없지만, 그의 아버지뿐 아니라 친구, 동료 과학자와 편지 교환이 매우 잦았던 것만은 사실이다. 맥스웰의 친구 중에는 어린 시절부터 케임브리지 대학에 이르기까지 줄곧 함께 자란 친구가 있는데, 생애 편에서도 등장했던 이 친구가 바로 후에 톰슨과 함께 유명한 물리 교과서를 쓴 테이트(Peter Gulthrie Tait, 1831~1893)이다. 톰슨과 테이트, 여기에 머리글자가 T자인 성을 가진 또 한 사람을 소개한다면 패러데이 바로 뒤를 이어 왕립 연구소 소장을 지냈던 틴들(John Tyndall, 1820~1893)이 있다.

당시 과학계에 비교적 잘 알려져 있던 톰슨, 테이트, 틴들은 십년지기 친구로 서로를 잘 아는 사이였다. 이들을 잘 아는 동료들은 세 사람의 머리글자가 모두 T이므로 이름 대신 수학 미분 기호를 사용해 애칭으로 불렀다. 톰슨은 T, 테이트는 T′(t prime), 틴들은 T″(t two prime)을 사용했다. 여기에 맥스웰은 스스로 자신을 dp/dt(t')로 불렀다. 맥스웰은 서명할 기회가 있을 때마다 이 기호를 쓰곤 했다.

이것에 관한 유래는 맥스웰이 열역학을 연구할 때, 그의 머리글자 (JCM)에 해당하는 식을 발견하고 사용한 것으로 전해진다. 현대 열역학에서 엔트로피와 관계되는 맥스웰의 열역학 식 (ds/dt)=(ds/dv)의 본 모습인 (dp/dt)=JCM인 관계식이 성립하는 데에서 유래되었다. 여기서 JCM은 맥스웰의 머리글자를 의미하는 것은 아니다. J는 줄 당량, C는 카르노

(Carnot), M은 현대의 $T(ds/dv)$에 해당하는 미분 계수이다. 어쨌든 자신의 머리글자와 똑같은 관계식을 발견하고 T, T′, T″과 비슷하게 서명 대신 사용한 것은 재미있는 일이다.

전자기 이론의 형성과정

맥스웰이 전자기 이론을 체계화시키는 데 가장 많이 영향을 끼친 사람은 패러데이와 톰슨이다. 톰슨은 맥스웰에게 연구 동기를 주었고, 패러데이는 전자기 이론을 완성하는 데 필요한 개념을 제공했다. 톰슨은 처음으로 패러데이의 힘의 선과 물질의 매개물 작용에 관하여 기계적인 해석 방법을 도입하고자 했다. 따라서 톰슨은 전기, 자기와 광학적인 현상의 통합된 에테르 이론에 대한 배경을 제공한 셈이다.

1840년대 초 프랑스 수학자이자 이론 물리학자인 푸리에(Jean Baptiste Joseph Fourier, 1768~1830)가 유체 역학적인 방법을 열전도 이론에 적용하여 열전도 이론을 완성했다. 톰슨은 여기에서 영감을 얻어 쿨롱과 푸아송의 정전기학에 관한 수학식 형태가 푸리에의 열전도에서 사용한 수학 형태와 유사하다는 것을 알았다. 또한 1845년 톰슨은 앙페르 계통의 먼 거리 작용설로 설명한 정전기 현상과 패러데이의 전기힘선 계산식이 수학적으로 동등함을 보여 주었는데, 이것은 푸리에의 열 흐름 이론과 패러데이의 정전기힘선 사이의 수학적인 유사성에 눈을 돌리는 계기가 되었다. 톰슨은 만일에 서로 다른 두 부류의 현상을 나타내는 각각의 법칙 사이에 수학적으로 어떤 유사성이 있다면, 대비되어 나타나는 물리적인 현상 또한 어떤 유사성이 있다고 생각했다. 톰슨의 이러한 생각을 이어받아 확장시킨 사람이 바로 맥스웰이다. 맥스웰은 자신의 생각을 정리하여 자주 톰슨과 패러데이에게 편지를 쓰곤 했다. 당연히 톰슨과 패러데이 역시

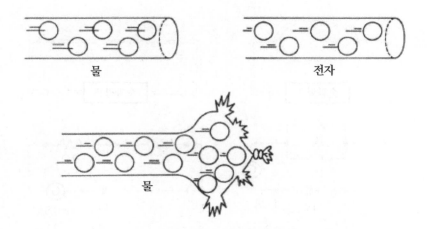

그림 2 | 수로관 속 물의 흐름과 도체 속의 전자 흐름

맥스웰에게 도움이 될 만한 정보를 기꺼이 주면서 격려했다.

　톰슨의 이러한 연구 방법에 깊은 영향을 받은 맥스웰은 첫 번째로 유체와 전기의 흐름에 관해서 관심을 가졌다. 이것은 누구나 다 한 번쯤 가져볼 만한 생각으로 쉽게 생각해서 물과 전류, 수로관과 도선 등을 서로 대비시켜 나가면 유체의 흐름과 전기의 흐름 사이에 어떤 유사성을 알 수 있을 것이다. 패러데이는 전기 현상을 연구하면서, 전기 작용으로 도선이 움직이는 것은 전기가 운동량이나 관성을 갖고 있기 때문이라고 생각했다. 맥스웰은 패러데이 생각을 유체와 연관시켜 깊이 있게 연구했다. 맥스웰의 연구 방법과 물리적 해석은 비교적 간단하고 분명했다. 도선에 전기를 통하게 하면 전기가 흐른다. 다시 말해서 도선 속에 전류가 흐른다.

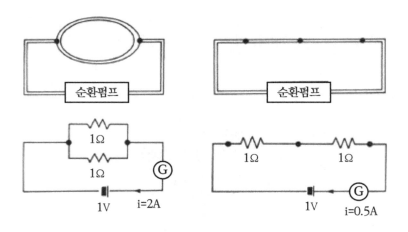

그림 3 | 물과 전기의 흐름 비교

이것은 마치 수로관 속에 물이 흐르는 것과 비슷하다. 수로관 속에 물이 흐르는 경우를 관찰해 보자.

〈그림 2〉에서 알 수 있듯이 수로관 끝을 갑자기 막으면 흐르고 있는 물의 운동량 때문에 수로관 내부에는 큰 압력이 생긴다. 흐르는 물의 압력(유압)이 정지한 물의 압력(정수압)보다 매우 크다면, 아무리 튼튼한 수로관이라도 파열시킬 수 있을 것이다. 그리고 수로관 속을 흐르는 물의 관성은 단지 물의 양, 수로관의 길이, 수로관의 단면적에만 관계된다. 그 외 수로관 밖의 다른 어떤 것과도 관계가 없다. 또한 수로관을 구부리거나 나선형을 만들어도 물의 흐름에는 변화가 없다. 그런데 전기의 흐름은 어떠한가? 도선을 같은 길이로 잘라 두 도선을 병렬 또는 직렬로 연결해 보

226

자. 〈그림 3〉에서와 같이 전기의 흐름은 물의 흐름과는 다르다는 것을 쉽게 알 수 있다. 이것은 당시에 측정 단위에 대한 표준화가 확정되지 않았어도 검류계 바늘의 움직임 정도를 가지고 쉽게 알 수 있었던 것이다.

또 전기의 흐름과 물의 흐름 사이에는 결정적으로 다른 것이 있다. 도선을 코일 형태로 만들어 전류를 흐르게 했을 경우에 일어나는 현상이다. 또한 유도 전류에 관한 현상 역시 분명히 물의 흐름과는 전혀 다른 것이다. 맥스웰은 비교적 단순한 방법을 통해 전기 현상을 주의 깊게 생각하면서 패러데이의 생각에 한계가 있음을 알았다. 도선 속을 흐르는 전류가 운동량과 같은 것을 가지고 있다고 생각할 수는 있어도 전기가 운동량이나 관성을 갖는다고 볼 수는 없기 때문이다. 맥스웰은 여기서 심각한 고민에 빠졌다. 패러데이가 정전기 유도 현상을 설명하면서 고민했던 문제가 맥스웰에게도 역시 고민거리로 등장한 것이다. 물론 맥스웰의 고민과 패러데이의 고민에는 본질적인 차이가 있다.

맥스웰은 대전된 두 도체 사이에 작용하는 끌어당기는 힘(인력)과 밀어내는 힘(척력) 현상뿐만 아니라 유도 전류 현상에 대해 공간에 존재하는 어떤 보이지 않는 실체가 있기 때문이라고 생각했다. 왜냐하면 패러데이가 생각한 전기가 운동량을 가지고 있다는 아무런 증거가 없지만, 전기는 도체에 열을 발생시키고 전동기(moter)를 회전시키는 일에 대한 능력이 있기 때문이다. 이런 것들은 공간에 있는 어떤 실체를 통해 유도되어 일어나는 현상일 것이라는 생각을 강하게 갖게 했다.

비록 맥스웰이 이때까지 알려진 전자기 현상을 완전하게 설명하는 데는 실패했지만, 가능성을 보여 준 논문이 앞에서 장황하게 설명을 한 내용을 포함하고 있는 「패러데이의 힘선에 관하여(On Faraday's Lines of Force)」이다. 이 논문은 1855년에서 1856년까지 약 2년에 걸쳐 발표되었다. 이 논문의 중요한 내용과 특징은 위에서도 간략하게 살펴보았듯이, 이 논문이 시작되는 초반기에 유사한 현상들로부터 하나하나 추론해 나가는 유추적 방법을 도입했다는 사실이다. 그러나 맥스웰이 이 방법으로 정전기, 영구 자석, 자기유도 현상 등 비교적 간단한 현상을 설명하는 데는 어느 정도 성공했지만, 전자기 유도 현상과 같은 복잡한 현상들은 해결할 수 없었다. 따라서 시간이 지남에 따라 맥스웰은 이 방법에는 한계가 있다는 것을 인식하고 이 방법 대신 다른 방법을 도입해서 설명하고자 했다. 「패러데이의 힘선에 관하여」 논문 후반부에는 이 유추적 방법에 대한 언급은 거의 없으며, 대신에 벡터 퍼텐셜 개념이 도입되었다. 이 논문 전반부와 크게 다른 점은 패러데이의 실험 결과 나타난 현상 그 자체를 가지고 수학적으로 표현하고자 노력했다는 것과 다른 전자기 현상과의 연관성을 검토했다는 점이다.

맥스웰이 전자기 이론을 어느 정도 완전하게 설명한 것은 1861년부터 1862년에 걸쳐 발표한 전자기학 두 번째 논문에서였다. 사실상 「힘의 물리적 선에 관하여(On Physical Lines of Force)」라는 이 논문으로 인해 드디어 고전 전자기학은 막을 내리게 되며, 동시에 새로운 전자기학(양자 전자기학)의 탄생을 예고한다. 맥스웰은 이후에도 전자기학에 관련된 중요한 논문을 발표하는데, 대표적인 것으로 1864년에 「전자기장의 동력학적 이론(A Dynamical Theory of Electromagnetic Field)」과 캐번디시 연구소 시절인 1873년에 발표한 「전기와 자기에 관한 보고서(Treatise on Electricity and Magnetism)」 등이 있다. 이 논문들은 전자기 현상을 어려운 수학으로 나타낸 것이므로 여기서는 더 이상 언급하지 않기로 한다. 다만 맥스웰이 어떻게 전자기장의 개념을 도입하게 되었는가에 대해서 이야기하고 비교적 간단한 형태인 현재의 맥스웰 방정식이 전자기 현상과 어떻게 관계되는지 이야기하기로 한다.

맥스웰은 1850년에 잠시 기계공학을 연구한 일이 있다. 이때의 연구가 전자기장의 개념을 만드는 결정적인 실마리로 작용했다고 해도 과장된 표현은 아닐 것이다. 왜냐하면 맥스웰이 전자기장의 개념을 만드는 데 기계적인 모델을 사용했기 때문이다. 맥스웰은 결국 논문 「패러데이의 힘 선에 관하여」에서 도입하고 스스로 포기했던 유추 방법을 다시 등장시킴으로써 전자기 현상을 하나의 통합된 형태로 설명할 수 있게 된 것이다. 맥스웰은 기계의 회전 현상을 유추하여 에테르의 개념, 더 나아가 장의 개념을 만들었다.

○ 전자기장(Electromagnetic Field)의 완성

우리는 이제 막대자석이나 솔레노이드(solenoid)가 만드는 자기힘선에 조금은 익숙하다.

〈그림 4〉에서 자기힘선이 지나가는 가상적인 관(pipe)을 생각할 수 있

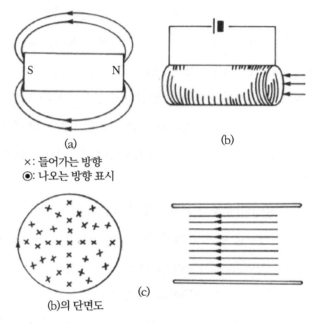

(a)

(b)

×: 들어가는 방향
⊙: 나오는 방향 표시

(b)의 단면도

(c)

그림 4 | 막대자석과 솔레노이드의 자기힘선

다. 이 관(자기힘관)을 통해 지나가는 자기힘선의 흐름을 자속(magnetic flux)이라 하고, 자기힘선이 많고 적음을 결정하는 것을 자속밀도라고 한다. 이것에 관한 물리적인 해석은 뒤로 미루고 맥스웰이 어떻게 장의 개념을 형성했는지 알아보기로 한다. 다음 그림을 보자. 두 개의 막대자석을 같은 극끼리 가까이 놓으면 서로 밀어내려는 힘이 작용한다. 〈그림 5-a〉는 이것을 자기힘선으로 실제보다 약간 과장되게 표현한 것이다. 이 것은 다시 〈그림 5-b〉와 같이 자기 힘선의 가상적인 관인 자기힘관으로 나타내면 수축되어 볼록한 모양이 되는 것을 알 수 있다. 맥스웰은 이런 현상을 참으로 멋지게 해석했다. 이 글을 읽는 여러분들 가운데 회전 현상에 관심이 많은 사람이 있다면, 이 현상은 기계적인 회전 현상이 이와 비슷하게 나타난다는 것을 알 수 있을 것이다. 실제로 핸드 그라인더와 같은 회전체에 신축성이 좋은 고무 원반을 부착하고 회전시켜 보면, 이와 비슷한 현상을 쉽게 관찰할 수 있다.

맥스웰은 기계공학을 연구했던 경험으로 이런 기계적인 모델을 도입한 것이다. 〈그림 5-b〉는 〈그림 5-c〉의 기계적 회전 현상과 유사함을 알 수 있다. 〈그림 5-c〉에서 회전체 주위에 소용돌이 원심력이 작용하며, 이것을 단면으로 나타낸 것이 〈그림 5-d〉이다. 맥스웰은 〈그림 5-c〉와 〈그림 5-d〉를 전자기의 직선 전류에 적용했다. 맥스웰은 직선 도선 속에 흐

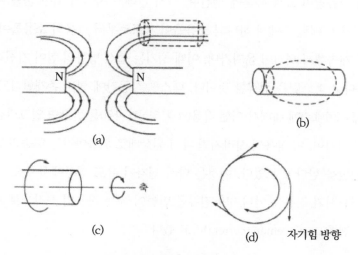

그림 5 | 자기힘선의 기계적인 모델

르는 전류의 속사정에는 일단 관심을 접어두고 밖으로 드러나는 현상에 관심을 집중했다. 맥스웰은 기계의 회전에서 생기는 원심력의 소용돌이(vortex) 형태를 자기라고 생각했다. 더 나아가 맥스웰은 1차 자기 현상에서 2차적인 자기 현상이 유도되는 것은 공간에 소용돌이 다발이 있어 자기힘이 이를 통해 전달되었기 때문이라고 해석했다.

〈그림 6-a〉와 같이 소용돌이 다발 전달 과정에서 이웃한 소용돌이 세포(vortex cell)들의 회전 방향 문제는 기계공학에서 회전체와 회전체 사이에 쓰이는 아이들 휠(idle wheel)의 개념을 도입하면 해결된다고 생각했다. 맥스웰은 이 소용돌이 개념을 확장시켜 전기와 자기의 상관관계를 해석했다. 모든 공간에는 눈에 보이지 않고 느껴지지 않는 어떤 매질이 존재하며, 자기는 이 매질이 소용돌이를 일으키게 하는 회전 운동 에너지로 작용한다고 보았다. 전자기 유도에서 발생하는 기전력 현상의 경우도 자기의 소용돌이 효과 때문에 생긴다. 다시 말해서 자기의 회전 운동 에너지 작용이 매질 속에서 하나의 소용돌이 세포로부터 다음의 소용돌이 세포로 계속해서 회전이 옮겨가며, 이때 생기는 접선 방향의 힘이 기전력을 만든다고 맥스웰은 생각한 것이다. 맥스웰은 공간에 널리 존재한다고 믿은 매질(에테르)에 대해서 어떤 작용(압력, 원심력 따위)을 받으면 일그러짐(변형)이 생기며, 이 작용이 사라지면 다시 원상태로 되돌아가는 일종의 탄성파 역할을 한다고 보았다. 이것은 다시 전자기 유도 현상에서 유도 전류와 연관시켜 전류는 아니지만 전류를 만들어 내는 작용의 시작으로 보아 변위 전류(Displacement current)라고 했다.

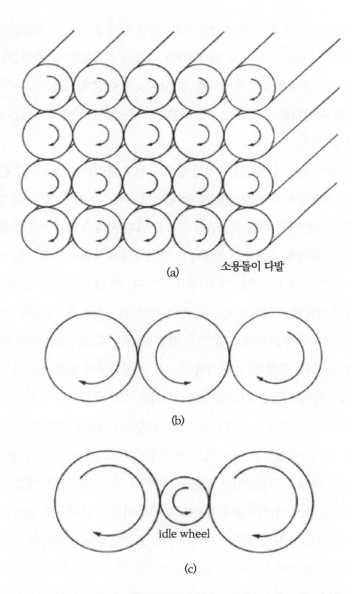

(a) 소용돌이 다발

(b)

idle wheel

(c)

그림 6 | 자기장의 기계적인 모델

이 이상의 맥스웰의 장에 관한 논의는 이 책 수준을 벗어나므로 여기서는 더 이상 다루지 않기로 한다. 다만 위에서 언급했듯이 에테르와 전자기장의 개념이 전자기 현상들을 설명하는 데 어떻게 사용되었는지 대략적으로 이야기하고자 한다. 먼저 에테르라는 개념이 왜 필요했는지를 생각해 보자.

맥스웰이 전자기 이론을 완성할 당시만 해도 물리학을 중심으로 한 여러 자연 세계에서 일어나는 현상들을 완전하게 분석하지 못했다. 더 엄밀하게 말한다면 아직 이런 현상들을 분석할 만한 시대가 아니었을 뿐만 아니라 자연 세계에 존재하는 현상들을 완전하게 밝혀내는 것조차도 어려웠던 시대였다고 표현하는 것이 옳을 것이다. 이 당시 유럽을 중심으로 급격하게 발달한 물리학은 대자연 속에 존재하는 여러 현상을 하루가 멀다 하고 계속해서 밝혀내고 있었다. 이런 발견에 힘입어 물리학은 역학, 유체역학, 광학, 음향학, 전자기학 등으로 세분화되어 발전하고 있었다. 이런 세부 분야 가운데 맥스웰이 에테르라는 개념을 강조하게 되었던 것은 어쩌면 파동 현상이 대자연 곳곳에 존재했기 때문일 것이다. 소리의 성질을 다루는 음향학은 어느 정도 체계를 갖추고 있어서 소리가 공기라는 매질을 통해서 전달된다는 것은 누구나 다 알고 있던 사실이었다. 그리고 소리는 쇳덩어리나 물과 같은 액체 속에서도 전달되는데, 이때는 고체나 액체라는 매질을 통해서 탄성파 형태로 전달한다고 알려져 있었다. 그리고 소리만큼이나 우리의 일상생활에 밀접한 빛에 대해서도 네덜란드 물리학자 호이겐스(Christian Huygens, 1629~1695)에서부터 시작한 빛의 파동설은 영국의 토머스 영과 프랑스의 프레넬(Augustin Jean Fresnell, 1788~1827)로 이어지면서 맥스웰이 후반기 삶을 살아갈 때는 이미 빛의 파동설이 일반화되었던 시기였다(17세기부터 21세기 초까지 빛의 성질에 관한 설―입자설과 파동설―은 다른 과학 분야의 발달과는 다르게 매우 복잡한 배경을 갖고 있다). 이야기를 파동 현상으로 돌려보자. 잔잔한 호수 가운데에 돌을 던지면 물은 파문을 일으키면서 파동이 호수 가장자리까지 전달되는 현상을 많이 보았을 것이다.

이 파동 역시 〈그림 7〉에 나타냈듯이 물이라는 매질을 통해 물결파 형태로 호수 가장자리까지 전달된다. 이상의 소리나 빛 또는 너울 등은 구체적인 매질을 가지고 파동 형태로 전달된다는 것을 알 수 있다.

맥스웰도 이러한 현상을 잘 알고 있었다. 그러므로 맥스웰은 전자기 현상을 연구하면서 구체적인 증거는 없지만 하나의 현상으로부터 또 다

그림 7 | 물의 파동 전파 현상

른 현상이 유도되는 것은 어떤 매개체 때문이라고 단정 지을 수밖에 없었을 것이다.

　맥스웰은 빛, 소리와 같이 전기, 자기도 구체적인 증거는 없지만 우주 공간에 널리 퍼져 있는 '에테르'라는 매질을 통해 힘이 전달된다고 생각했다. 이 에테르는 곧 일반화되어 진공을 포함해 우주 공간 어디에나 존재한다고 믿었으며, 맥스웰의 전자기 방정식에서 예견된 전자기 현상(전자기파)은 빛과 매우 밀접한 연관성이 있다는 것이 1888년 헤르츠의 전자기파 실험에서 밝혀지게 되었다. 이 당시의 과학자들 사이에서는 뉴턴이 강력하게 주장해 온 빛의 입자설에 관해 확신과 증거를 갖고 있으면서도, 한편으로는 빛의 또 다른 성질인 파동설에 대해서도 나타나는 현상과 실험적인 사실로부터 부인할 수 없는 입장이었다. 이때는 입자설이 후퇴하여, 파동설이 과학계에 부인할 수 없는 정설로 되어 있었다. 그러므로 파동 현상과 더불어 전자기 현상을 그럴듯하게 설명하는 매질의 필요성, 다시 말해서 맥스웰이 주장한 에테르의 존재를 당연하게 받아들이는 입장이었다. 그러나 맥스웰이 우주 공간에 에테르가 있다고 주장한 후 많은 과학자가 이 에테르의 존재를 밝혀내기 위해 온갖 실험으로 도전하지만 에테르가 우주 공간에 존재한다는 어떠한 사실도 찾아낼 수 없었다. 1887년 드디어 맥스웰이 생각한 이 에테르는 종말을 맞는다. 미국의 물리학자 마이컬슨(Albert Abraham Michelson, 1852~1931)과 화학자인 몰리(Edward William Morley, 1838~1923)는 에테르의 존재를 밝히기 위한 빛의 상대론적인 속도 측정 실험에서 우주 공간에 에테르는 존재하지 않는다는 것을 입증했다(이 마이컬슨-몰리 실험은 나중에 아인슈타인의 특수 상대론 연구에 직접적인 영향을 미쳤다). 이 실험적인 사실로부터 에테르는 말 그대로 가상적인 것이며, 에테르가 우주 공간에 널리 퍼져 있을 것이라고 믿어왔던 많은 과학자들을 당황하게 했다.

그러나 결과가 어찌 되었든 간에 맥스웰이 이 에테르 개념을 적절하게 사용하여 변위 전류 개념을 만든 것은 한계성이 있음에도 불구하고 대단하다고 할 수 있다. 맥스웰이 만든 변위 전류 개념은 지금도 중요한 물리 개념으로 쓰고 있는데, 물론 맥스웰이 에테르 가설로 만든 것과는 본질적인 면에서 약간의 차이가 있다. 에테르에 대해서 너무 장황하게 늘어놓았다. 맥스웰이 왜 에테르란 개념을 전자기 현상에 도입했는지 간단하게 정리하면, 전자기 유도 현상을 설명하는 데 적당했을 뿐만 아니라, 문제를 해결하는 데 최선의 방법이었기 때문이다. 앞에서 말한 대로 에테르에 대한 구체적인 이야기는 『빛의 세계』 편으로 넘기기로 하고 이야기를 바꿔 장(field)이라는 개념이 어떻게 만들어지게 되었는지, 이것이 무엇을 의미하는지에 대해서 알아보기로 하자.

장(場—field)이라는 말 자체에 공간이라는 의미가 강하게 내포되어 있음을 알 수 있다. 그러므로 이 글을 읽는 여러분은 물리 교과서를 통해 이미 알고 있는 분들도 있겠지만, 처음 들어보는 분들도 어떤 공간을 의미한다는 것을 쉽게 알 수 있을 것이다. 맥스웰에게도 전자기장에 대한 생각은 비교적 매우 단순했다. 왜냐하면 우주 공간에 실체가 없는 에테르는 널리 퍼져 있어도 전기나 자기가 영향을 미치는 범위(공간)는 비교적 아주 작은 공간에 한정되기 때문이다. 결론부터 말한다면 전자기장이라는 것은 전기나 자기 힘이 어떤 영향을 미치는 공간을 말한다. 이 전자기장은 엄밀하게 말해서 맥스웰의 독창적인 작품이라기보다는 패러데이의 전자기힘선 개념을 도식화시켜 확대한 것이다. 축구에서도 골을 넣는 데 결정적인 도움 역할을 하는 선수가 있듯이 이런 관계는 과학사에서도 흔하게 찾아볼 수 있다. 대표적인 예로 상대성 이론의 경우 로렌츠와 아인슈타인의 관계가 그러하며, 지금 여기서 이야기하고 있는 패러데이와 맥스웰의 역할도 그렇다고 할 수 있다. 전자기힘선에 대해서는 패러데이 편에서 어느 정도 다루었으므로, 될 수 있으면 중복되지 않는 범위에서 실제 일어나는 물리 현상을 가지고 이야기하기로 한다.

먼저 물리적인 현상을 이야기하기 전에 전자기장에 대한 개념을 명확하게 하기 위해, 전자기힘과의 관계를 이야기하고 넘어가기로 한다. 전기를 띤 두 물체 또는 두 자석 사이에 작용하는 힘은 쿨롱의 정밀한 실험 결과 모두 두 물체 사이의 거리의 제곱에 반비례함이 밝혀졌다. 이것은 앞서 이야기한 쿨롱의 법칙이다. 또한 두 물체 사이에, 전자기힘선의 변형을 유도하는 것을 제외한 어느 것을 갖다 놓아도 이 법칙은 여전히 성립한다. 심지어는 진공과도 관계없이 항상 성립한다. 이것은 맥스웰의 에테르 개념과도 관계가 있다. 자세하게 이야기하면 전자기힘선이 이 에테르를 통해서 작용한다고 맥스웰은 가정했다. 다음 〈그림 8〉에서와 같이 두 전하 사이 또는 두 자극 사이에 힘의 작용은 가상적인 전자기힘선을 따라 작용한다.

여기서 전기힘선 또는 자기힘선은 방향성을 가지는데 전기힘선의 경우 양전하에서는 방사형으로 무한히 발산하는 형태이며, 음전하에서는 중력 효과와 마찬가지로 전하 중심을 향해 수렴하는 형태를 취한다. 따라서 전하(전기)의 경우는 양전하 중심에서 전기힘선이 나와 음전하 중심으로 들어감(수렴)을 알 수 있다. 자기힘선의 경우도 이와 비슷한데 N극에서 나와 S극으로 들어가며, 다만 전기힘선과의 차이가 있다면 자기에서는 독립된 자극이 존재하지 않으므로 자기힘선의 출발점이 있다면 항상 수렴점이 있다는 것이다. 그리고 또한 여기서 중요한 사실은 전자기힘선을 가지고 전자기힘의 세기와 작용 방향을 결정할 수 있다는 것이다. 다시 말하면 어떤 위치에서 전자기힘선이 얼마만큼 촘촘한가에 따라 그 위치에

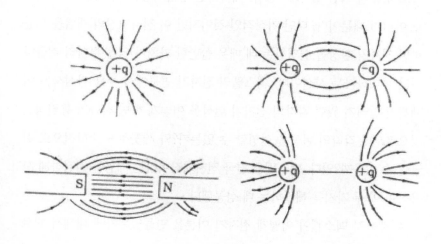

그림 8 | 전자기힘선

서 작용하는 힘의 세기를 알 수 있으며, 또한 전자기힘선의 방향이 작용하는 힘의 방향이라는 것이다. 이것은 패러데이의 전자기힘선의 개념을 현대적인 표현으로 나타낸 것에 불과하다.

맥스웰은 패러데이의 전자기힘선 개념을 가지고 한 걸음 더 나아가 전자기힘선이 어떤 작용을 미치는 공간을 전자기장이라고 했다. 다시 말해서 전자기힘이 미치는 공간을 전자기장이라고 한다. 이러한 개념을 가진 전자기장은 매우 중요한 의미를 갖는다. 왜냐하면 전자기장의 개념 속에는 전자기힘에 대한 정보(전자기힘의 세기와 방향)뿐 아니라 파생적으로 나타나는 유용한 정보를 갖고 있기 때문이다. 다른 또 한 가지는 전자기 성질이 나타내는 여러 복잡한 현상을 전자기장을 이용해 수학적으로 간단하게 설명할 수 있다는 점이다. 아직도 전자기장이 무엇이냐고 묻는다면 나로서도 더 이상 할 말은 없다. 왜냐하면 전자기장은 이 이상도 이 이하도 아니기 때문이다. 다만 가상적인 것이지만 이 전자기장의 개념을 도입하면 전자기 현상을 설명하는 데 매우 쓸만한 가치가 있을 뿐더러 취급하기가 편리하다는 사실이다. 맥스웰의 전자기 연구에서 주요 관심사는 이때까지 알려져 왔던 각각의 전자기 현상을 어떻게 하면 하나의 통일적인 것으로부터 각각의 현상을 설명할 수 있는가?와 깨끗하게 수학적으로 취급할 수 없을까?였다. 맥스웰은 결국 전자기장이라는 개념을 적절하게 사용하여 이 두 가지를 해결하는 데 성공했다.

이제까지 맥스웰이 어떻게 전자기 이론을 만들었는가에 대해서 때로는 쓸데없이 장황하게 때로는 너무 빈약하게 내용을 다루면서 끝을 맺었다. 여기서는 전자기장의 개념을 비교적 아주 단순하게 이야기했는데, 사실은 그렇게 단순하지만은 않다는 점을 밝혀 둔다.

맥스웰의 도깨비 방정식

여기서부터는 고전 전자기 이론 완성편으로 앞에서 다룬 법칙의 모든 것을 수학적인 표현과 함께 수학이 나타내는 물리적 의미를 중심으로 다룬다. 여기서 사용되는 수학은 대학 교양 수학 정도의 수준을 가진 분이라면 이해할 수 있는 것들이 대부분이며, 때로는 그 이상의 수준을 요구하는 것들도 있다. 고급 수학에 익숙하지 못한 분들을 생각하여, 맥스웰의 도깨비 방정식을 이해하는 데 반드시 필요한 수학 내용에 한해서 어느 정도 설명했다.

물리학에서의 수학 표현은 일상 언어의 또 다른 표현에 불과하다. 그러므로 생각하기에 따라 쉽게 와닿을 수도, 난해한 도깨비장난일 수도 있다. 필자가 생각하기엔 수학에 알레르기 반응을 일으키는 분은 과감히 이 내용에 관한 부분을 건너뛰기 바란다. 왜냐하면 여태껏 전기, 자기가 별것 아니구나 했던 생각이 자칫 잘못하면 끝마무리에 가서 대단한 실망을 안겨줄 우려가 있기 때문이다. 그 밖에 인내심이 어느 정도 있다고 생각하는 분들은 지겹고 졸리더라도 한 번쯤 참고 "왜 이렇게 쓰지 않으면 안 되는가?"를 계속 염두에 두고 마지막 쪽까지 읽어 보기를 권한다. 필자가 이렇게 하는 이유는 수학이라는 것이 인간이 만들어 낸 가장 아름다운 시적인 언어라고 생각하기 때문이다. 따라서 알고 보면 재미가 있을 뿐만 아니라 별것 아니구나 하는 생각이 들 것이다. 또 다른 이유는 전기, 자기학, 더 나아가 물리학에서의 수학적 의미를 어느 정도 감 잡을 수 있기 때문이다.

지금까지 쓸데없는 이야기가 너무 길었다. 이후의 이야기 전개는, 먼저 간단한 수학에 대해서 다루었다. 그다음에 맥스웰이 전개한 수학적 방법을 간략하게 살펴보고, 현대 전자기학에서 사용하는 수식을 중심으로 전자기 현상을 나타내는 수학의 물리적 의미를 그림과 함께 설명하고자한다.

O 간단한 벡터(VECTOR) 해석

우리가 보통 나타내는 수학 문자 의미는 크게 두 가지로 나눌 수 있다. 단순하게 어떤 양의 크기만을 나타내는 것과 다른 한 가지는 이런 양의 크기를 포함하여 이 양의 행위를 예견할 수 있는 방향을 동시에 나타내는 것이다. 앞서 말한 것을 수학에서는 스칼라(scalar)양이라고 하며 시간, 질량, 길이, 부피 등이 여기에 포함된다. 그리고 뒤에 말한 스칼라양에 방향성이 주어지는 것을 벡터양이라고 한다. 이 벡터양의 대표적인 것으로 힘, 전기장, 자기장, 속도, 가속도 등이 여기에 포함된다. 스칼라의 성질은 여러분들이 알고 있는 일반 숫자를 생각하면 된다. 그러나 벡터의 성질은 스칼라와는 조금 다르다. 벡터와 스칼라의 차이가 무엇인지 살펴보자.

1) 벡터 표현과 더하기, 빼기 성질

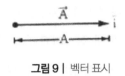

그림 9 | 벡터 표시

벡터 표현 : $\vec{A}$, $\hat{i}$

$\hat{i}$는 단지 방향만을 나타내는 벡터이며, 단위 벡터라고 한다.

$$A\hat{i}=\vec{A}$$

① 벡터합(평행사변형법)

$$\vec{A}+\vec{B}=\vec{C}$$

② 벡터차 : 벡터에서 — 기호는 작용 방향이 반대임을 나타낸다.

$$\vec{D}=\vec{A}-\vec{B}=\vec{A}+(-\vec{B})$$

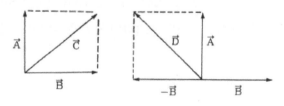

그림 10 | 벡터합과 차

임의의 벡터 $\vec{A}$는 그림과 같이 성분으로 표현할 수 있다. 여기서 x, y
는 단지 x축, y축 방향만을 나타내는 단위 벡터다.

$$\vec{A}= a\hat{x}+b\hat{y},\ \vec{B}= c\hat{x}$$

$$\vec{C}= \vec{A}+\vec{B}= (a+c)\hat{x}+b\hat{y}$$

$$|\vec{C}| = \sqrt{(a+c)^2+b^2}$$

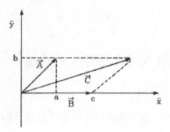

그림 11 | 벡터합

2) 벡터곱(product)

벡터곱에는 두 가지가 있다. 보통 내적(inner product or dot product)—
기호로 ∘—이라는 것과 외적(outer prtoductor or cross product)—기호로
×—이라는 것이다. 이 이유는 비교적 간단하다. 벡터는 어떤 양을 나타내
는 데 크기와 방향이라는 중요한 두 정보를 동시에 갖고 있다. 그러므로
연산 결과가 크기만을 나타내는 것은 내적이라 하고, 방향과 크기 모두를
나타내는 것을 외적이라고 한다.

* 내적, 외적 계산식

〈그림 11〉의 경우에서 벡터 $\vec{A}$와 $\vec{B}$의 내적을 구해보면 다음과 같다.

$$\text{내적 } \vec{A} \circ \vec{B} = (a\hat{x} + b\hat{y}) \circ (c\hat{x}) = ac$$

따라서 내적 성질은 다음과 같음을 알 수 있다.

$$\text{x} \perp \text{y일 때 } \hat{x} \circ \hat{x} = \hat{y} \circ \hat{y} = 1$$
$$\hat{x} \circ \hat{y} = 0$$

일반적으로 두 벡터 사이가 수직이 아닌 경우 $\vec{A} \circ \vec{B} = |\vec{A}| |\vec{B}| \cos\theta$로 주어진다.

외적은 방향 성분이 존재하는 벡터곱이므로 내적보다는 다소 복잡해 보인다.

여기서 그림 설명은 생략하지만

$$\text{x} \perp \text{y} \perp \text{z인 경우}$$
$$\hat{x} \times \hat{y} = \hat{z}, \ \hat{y} \times \hat{z} = \hat{x}, \ \hat{z} \times \hat{x} = \hat{y}$$
$$\hat{y} \times \hat{x} = -\hat{z}, \ \hat{z} \times \hat{y} = -\hat{x}, \ \hat{x} \times \hat{z} = -\hat{y}$$
$$\hat{x} \times \hat{x} = \hat{y} \times \hat{y} = \hat{z} \times \hat{z} = 0$$

이다.

일반적으로 계산의 편리성을 염두에 두기 때문에 행렬식 표현이 많이 쓰인다. 즉, 간단한 예를 든다면

$$\vec{A} = a\hat{x} + b\hat{y} + c\hat{z}$$

일 경우

$$\vec{B} = d\hat{x} + e\hat{y} + f\hat{z}$$

$$\vec{A} \times \vec{B} = \begin{vmatrix} \hat{x} & \hat{y} & \hat{z} \\ a & b & c \\ d & e & f \end{vmatrix}$$

$$= (bf - ce)\hat{x} + (cd - af)\hat{y} + (ae - bd)\hat{z}$$

이다. 이 식에서 알 수 있듯이 2차원(평면상)에 놓여 있는 두 벡터의 외적을 계산하면, 결과는 평면에 수직인 또 다른 벡터가 된다. 위 두 벡터 $\vec{A}$, $\vec{B}$에서 c, f가 0이면, 다시 말해서 $\vec{A} = a\hat{x} + b\hat{y}$, $\vec{B} = d\hat{x} + e\hat{y}$로 x-y 평면 위에 놓여 있는 벡터라면 이 두 벡터의 외적은 $= (ae - bd)\hat{z}$가 되어 $\hat{z}$ 성분만 존재함을 알 수 있다. 이것은 평면에 작용하던 벡터가 공간으로 확장됨을 의미한다. 그 밖의 중요한 벡터 성질 가운데에는 다음과 같은 것이 있다.

$$\vec{A} \times (\vec{B} \times \vec{C}) = \vec{B}(\vec{A} \circ \vec{C}) - \vec{C}(\vec{A} \circ \vec{B})$$

3) 벡터 미분 연산자 ▽(델 del)

벡터 미분은 가장 쉽게 생각하면 임의 방향에서 벡터 함수의 변화율이라고 생각하면 된다. 이것은 방향에 따라 증가율 또는 감소율을 나타낸다.

* 3차원 직각 좌표계 함수 $\phi(x, y, z)$에서

$$\nabla \phi = \hat{x} \frac{\partial \phi}{\partial x} + \hat{y} \frac{\partial \phi}{\partial y} + \hat{z} \frac{\partial \phi}{\partial z}$$

* 3차원 구 좌표계 함수 $\Psi(r, \varphi, \theta)$에서

$$\nabla \Psi = \hat{r} \frac{\partial \Psi}{\partial r} + \hat{\theta} \frac{1}{r} \frac{\partial \Psi}{\partial \theta} + \hat{\psi} \frac{1}{r sin\theta} \frac{\partial \Psi}{\partial \varphi}$$

여기서 θ는 z축에서 x-y 평면으로 향하는 각이고, φ는 x축에서 y축으로 향하는 각으로 정의된다.

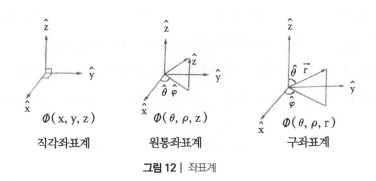

$$\Phi(x, y, z)$$

직각좌표계

$$\Phi(\theta, \rho, z)$$

원통좌표계

$$\Phi(\theta, \rho, r)$$

구좌표계

그림 12 | 좌표계

4) 벡터 적분

일반 적분의 개념을 벡터에 적용한 것뿐이다. 다음을 보자.

$\overline{ab}$ 길이는 $\int_a^b A dl$ 이다.

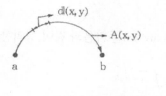

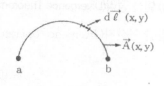

그림 13 | 선분 그림   **그림 14 |** 선분

이것을 벡터에도 똑같이 적용하여

$$\vec{ab} \text{ 길이는 } \int_a^b \vec{A} \circ d\vec{1} \text{ 이다.}$$

이 두 식의 차이는 없으며, 단지 벡터양은 정보가 하나 더 있기 때문에 현상을 이해하는 데 개념이 분명하다는 것이다. 엄밀한 의미에서 벡터 적분은 아래 식과 같기 때문에 적분 계산의 결과는 같다.

$$\int_a^b \vec{A} \circ d\vec{l} = \lim_{n \to \infty} \sum_{n=1}^n \vec{A_i} \circ \triangle d\vec{l_i}$$

표면 적분의 관계도 마찬가지다.

닫힌 곡면 S에 걸친 벡터 $\vec{A}$의 표면 적분은 $\oint \vec{A} \circ \hat{n} da$로 나타낼 수 있다. 여기서 $\oint$는 닫혀 있다는 것을 표시하며, 법선 벡터 $\hat{n}$은 임의의 곡면 위치에서 면에 수직한 바깥으로 향하는 단위 벡터를 나타낸다.

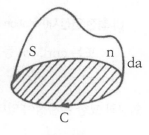

그림 15 | 곡면

5) 발산 정리(Divergence Theorem)

발산 연산자(divergence operator or div:$\nabla\circ$)는 다음과 같이 정의한다.

$$\nabla \cdot \vec{A} = \underset{V\to 0}{\text{⊞}} \frac{1}{V} \oint_s \vec{A} \circ \hat{n}da$$

이 식을 글로 풀어쓰면 한 벡터의 발산 연산은 면으로 둘러싸인 체적을 극한 영으로 가져갈 때 단위 체적에 대한 표면 적분의 극한과 같다. 이것을 다시 이용하기 편리한 정리된 형태로 말한다면, 체적 V에서 작용하는 한 벡터의 발산 적분은 체적 V를 둘러싼 모든 면을 포함하여 계산한 작용 벡터 법선 성분의 표면 적분과 같다. 수식으로 나타내면 다음과 같다.

$$\oint_s \vec{A} \circ \hat{n}da = \int_v \nabla \circ \vec{A}dv$$

이 관계식의 엄밀한 증명과 유래는 이 책 범위가 아니므로 과감하게 생략한다. 다만 이 관계식은 복잡한 적분계산을 간단하게 해결하는 데 도움이 되며, 물리적 현상을 수학식과 결부시키는 데 매우 적합하다.

6) 회전 연산자(Rotation Operator)

$\nabla\times$ 또는 curl, rot 등으로 쓴다.

이 벡터 회전 연산은 전기장이 자기장과 어떤 유사성이 있듯이 발산 연산과 묘한 유사성이 있다.

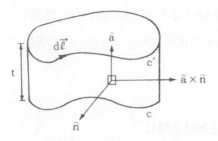

그림 16 | 회전 체적 그림

그림은 평면에 닫힌 곡선 c를 평면에 수직한 방향(a)으로 t만큼 이동시켰을 때, 만들어지는 체적을 나타낸 것이다. 이 그림을 잘 연구해서 발산정리와 비슷하게 적용시키면 다음 두 식과 같은 관계식을 얻는다.

$$\nabla \circ \vec{A} = \underset{V \to 0}{\boxed{}} \frac{1}{V} \oint_S \hat{n} \times \vec{A}\, da$$

$$\hat{a} \circ \nabla \times \vec{A} = \frac{1}{S} \oint_C \vec{A} \circ d\vec{l}$$

이 두 관계식에 대한 엄밀한 증명 또한 여기서도 생략하며, 위 식은 다른 말로 "Stokes 정리"라고도 한다. 그리고 이 식을 사용하기 간편한 관계식으로 정리하면 다음과 같다.

$$\oint_c \vec{A} \circ d\vec{l} = \int_s \nabla \times \vec{A} \circ \hat{n}\, da$$

이 식의 수학적 의미는 닫힌 곡선 둘레에서 작용하는 벡터의 선적분은 이 곡선으로 둘러싸인 임의의 표면에 걸쳐 계산한 회전 연산의 법성 성분의 적분과 같음을 나타낸다. 이 "Stokes 정리"는 발산 정리와 마찬가지로 물리적 의미를 수학적으로 다루는 데 매우 잘 쓰이는 식이다.

7) 그 밖의 주요 벡터 관계식

$$\nabla \circ (\nabla \times \vec{A}) = 0$$

$$\nabla \times (\varphi\vec{A}) = \varphi\nabla \times \vec{A} + \nabla\varphi \times \vec{A}$$

$$\nabla \times (\vec{A} \times \vec{B}) = \vec{A}(\nabla \circ \vec{B}) - \vec{B}(\nabla \circ \vec{A}) + (\vec{B} \circ \nabla)\vec{A} - (\vec{A} \circ \nabla)\vec{B}$$

$$\nabla \times \nabla \times \vec{A} = \nabla(\nabla \circ \vec{A}) - \nabla^2\vec{A}$$

$$\nabla \times (\nabla\varphi) = 0$$

$$\oint_S \varphi\hat{n}\,da = \int_V \nabla\varphi\,dV$$

$$\oint_S \vec{A}(\vec{B} \circ \hat{n})\,da = \int_V \vec{A}(\nabla \circ \vec{B})\,dV + \int_v (\vec{B} \circ \nabla)\vec{A}\,dV$$

$$\oint_S \vec{A}\,da = \int_V \nabla \times \vec{A}\,dv$$

$$\oint_c \varphi\,d\vec{l} = \int_s \hat{n} \times \nabla\varphi\,da$$

φ : 스칼라함수 $\vec{A}$, $\vec{B}$: 벡터함수

　　이상 전자기학에서 비교적 잘 쓰이는 벡터 수학 관계식을 증명 없이 나타냈다.

○ 맥스웰의 도깨비 방정식

맥스웰의 체계화된 전자기 이론은 앞서 이야기한 대로 「힘의 물리적 선에 관하여」라는 논문 속에 등장한다. 이 논문은 네 부분으로 나뉘는데 첫 부분은 자기 현상에 관해서 다루었다. 둘째 부분은 전류와 전자기 유도 현상에 대해서 다루었고, 셋째 부분은 정전기 현상에 대해서 다루었다. 맥스웰은 이 논문의 첫 번째 부분 내용 속에서 자기 현상을 다루면서 기계적인 모델을 도입하여 자기 현상을 설명했으며, 결론적으로 자기 매질은 작은 유체 소용돌이들로 구성되어 있다고 가정했다. 전류와 전자기 유도 현상을 다룬 두 번째 부분에서 전기 입자(electrical particles)를 도입했다. 맥스웰은 이 전기 입자가 전기를 구성할 뿐만 아니라, 같은 방향으로 회전하는 자기 소용돌이 다발을 만드는 두 가지 역할을 한다고 생각했다. 전기 입자들은 기계적인 모델에서 아이들 휠(idle wheel)들의 역할과 마찬가지로 각각의 자기 소용돌이 세포 사이에 단층(monolayer)을 형성한다고 보았다. 그리고 이웃한 소용돌이(adjacent vortices)들이 같은 각속도로 회전하는 곳에서는 균일한 자기장이 만들어지며, 반대로 균일한 자기장 공간에서는 보통의 아이들 휠들이 단지 기계적인 회전 방향만 바꿔주는 역할을 하는 것처럼 전기 입자들도 소용돌이의 회전 방향을 바꾸는 데 간여할 뿐, 공간적인 이동은 없다고 했다. 그러나 균일하지 않은 자기장에서는 이웃한 소용돌이들이 다소 다른 각속도로 회전하기 때문에 전기 입자들의 이동을 가져온다고 보았다.

맥스웰은 소용돌이의 각속도와 입자들의 흐름 밀도(flux density) 사이의 관계를 자세하게 분석하여, 이 둘 사이의 관계는 앙페르 법칙으로 표현된 전류밀도와 자기장 세기 사이의 관계와 수학적으로 같음을 보여 주었다. 맥스웰은 이러한 가설을 통해서 전류라는 것은 이웃한 소용돌이 사이에 끼워진 움직일 수 있는 전기 입자의 이동 때문에 생겨나는 것이라고 결론을 내렸다. 그리고 맥스웰은 소용돌이의 각속도가 일시적으로 변할 때 아이들 휠이 입자의 영향을 고려했다. 기계적인 추론으로부터 얻은 이 관계는 패러데이의 전자기 유도 법칙과 비슷했다.

$$\nabla \times \vec{E} = -\frac{d}{dt}(\mu \vec{H})$$

이 관계식에서 투자율(magnetic permeability) μ가 매질의 질량 밀도에 대응한다고 하면, 기전력이나 전기장은 아이들 휠 입자들에 대한 소용돌이에 의해서 영향을 미치는 구체적인 힘으로 대비되는 기계적인 모델을 통해 전자기 현상들을 수식화시킬 수 있다고 주장했다. 이러한 그의 가설로 전류와 자기장 사이에 일어나는 현상을 설명할 수 있었다.

지금부터는 맥스웰의 도깨비에 대해서 본격적으로 알아보기로 한다. 여기서는 맥스웰이 유도한 과정을 추적하기보다는 맥스웰이 만든 수학식이 전자기 현상을 어떻게 설명하는가에 중점을 두었다. 전문 지식이 없는 일반 독자들이 세부 전공 분야를 이해하기가 매우 어렵기 때문이다. 처음부터 맥스웰이 유도한 과정을 추적해 식을 만들어 보는 것도 이해하는 데 좋은 방법이지만, 너무나 장황해질 우려가 있고 이미 만들어진 식을 반대로 추적해 나가면 재미는 덜하지만 간단명료하기 때문이다. 이것은 어렵게 어렵게 길을 찾아가며 목적지에 도착한 사람의 뒤를 쫓아 똑같이 헤매 보는 것하고, 이미 잘 다듬어진 길을 통해 반대로 목적지에서 출발점으로 가는 것과 비유할 수 있을 것이다. 또한 여기서는 복잡하고 어려운 개념의 물리 현상을 나타내는 것들은 모두 취급하지 않는다. 비교적 기본적이고 아주 중요하며, 표현이 아름답다고 생각되는 것을 다루기로 한다. 이 책은 전공 서적이 아니고 전공을 위한 또는 비전공자를 위한 참고 서적이기 때문이다.

✴ 맥스웰의 도깨비 방정식 ✴

$\nabla \times \vec{E} = -\dfrac{\partial \vec{B}}{\partial t}$ ········ 패러데이의 유도 법칙

$\nabla \times \vec{B} = \mu_0 \epsilon_0 \dfrac{\partial \vec{E}}{\partial t} + \mu_0 \vec{J}$ ····· 전기장의 시간 변화율과 전류밀도의 관계

$\nabla \circ \vec{E} = \dfrac{\rho}{\epsilon_0}$ ········ 쿨롱의 법칙(가우스의 법칙)

$\nabla \circ \vec{B} = 0$ ········ 전류 이외에 전기장의 샘(source)이 없다.

이 식들은 전자기 발달사에서 미리 밝힌 식들과 비교하면 약간의 차이가 있음을 알게 될 것이다. 전자기 발달사에서 표현한 식들은 맥스웰의 초기 작품이고 이것은 수정된 완성 작품이다. 왜 수정했는가에 대해서는

읽다 보면 쉽게 알 수 있을 것이다.

우선 전자기학의 기본적인 개념을 보다 명확하게 하기 위해 시간에 관하여 생각하기로 하자. 우리는 시간에 대해서 잘 알고 있다. 그러나 잘 알고 있다는 사실하고 그것이 무엇을 의미하는가에 대해서는 많은 사람에게 있어 전혀 다른 문제인 것 같다. 물론 필자도 마찬가지이지만.

다음을 생각해 보자. "어떤 양(mass)이 움직인다"라는 문장 속에 내포되어 있는 중요한 의미는 시간을 필요로 한다는 것이다. 다시 말해서 "움직인다"와 같은 어떤 행동을 나타내는 말의 의미 속에는 항상 "시간을 필요로 한다"라는 뜻이 포함되어 있다. 또한 우리가 보통 일상생활에서 "움직인다"와 반대 개념으로 생각하는 "정지해 있다"라는 의미도 마찬가지다. "정지"라는 의미는 시간에 대하여 변하지 않는다는 뜻이 포함되어 있다. 우리는 가끔 사진을 보며, 지난날들을 생각한다. 사진 속의 모습은 항상 시간에 대해 정지 상태다. 이것을 다른 말로 표현한다면, 어떤 움직임도 끊어진 시간의 한 부분이라고 생각한다면, 더 이상의 움직임이 아닌 정지 상태인 것이다. 우리가 일상생활을 하는 거시적인 세계에서 시간이 정지하는지 어떤지 우리는 알 수 없다. 왜냐하면 시간이 정지 상태라면, 우리의 모든 것이 정지 상태이기 때문에 우리로서는 알 수가 없는 것이다. 적어도 여기서 다루는 전자기학에서는 시간의 정지라는 가정은 생각하지 않는다. 따라서 '정적인(static)'이라는 말은 시간에 대하여 어떤 현상이 변하지 않는다는 의미이며, '동적인(dynamic)'이라는 말은 시간에 따라 변한다는 것을 의미한다.

이러한 시간의 의미를 염두에 두고 먼저 정전기 현상부터 알아보자. 전기를 띤 기본 입자를 전하라고 하며, 그 양을 전하량이라고 한다. 전하는 다시 양전하, 음전하로 분류되며, 특히 음전하를 전자라고 한다. 문자로 나타내면 양전하는 +q, 음전하는 −q, 전하량은 Q로 대부분 나타낸다.

어떤 양(mass)이라는 말 속에는 항상 존재하는 실체가 있음을 의미하기도 한다. 이것은 다시 그 물질의 밀도와 부피하고도 매우 밀접한 관계가 있음을 알 수 있다. 전하량이라는 말 속에는 전하의 존재가 있음을 말함과 동시에 부피하고도 관계가 있음을 이제 알았을 것이다. 쉬운 것을 너무 어렵게 말했는지 모르지만 이제 본론으로 들어가자. 전하량(Q)은 전하를 띤 물질의 밀도(전하밀도 ρ)와 이 물질의 부피(V)하고의 곱으로 표현된다. 이것은 중력 질량이 부피×밀도로 나타내는 것과 같다. 즉 $Q=\rho \times V$로 나타낼 수 있다. 이것을 수학의 미적분을 도입해 다시 나타내면, $Q= \int dQ = \int \rho dV$로 나타낼 수 있다. 이 식의 의미는 일정 부피 V 안에 들어 있는 총 전하량은 부피를 세분화했을 경우, 이 작은 부피(dV) 안에 들어 있는 전하량(dQ)을 계속 더하여 전체 부피로 나타내면 원래의 부피(V) 안에 들어 있는 총 전하량(Q)과 같음을 나타낸다.

이것을 이해했으면 실제 문제로 들어가 보자. 첫 번째 다루어야 할 것이 쿨롱의 힘 법칙이다. 이 힘 법칙은 쿨롱이 실험으로 밝혔지만, 푸아송의 계산식도 일치했기 때문에 맥스웰의 전기장 도입 결과도 쿨롱의 힘 법칙을 만족시켜 주어야 한다. 사실 맥스웰도 쿨롱과는 다른 실험 방법으로 쿨롱의 힘 법칙을 보다 정확하게 증명했다. 캐번디시가 실험한 기록들을 모은 기록집을 1876년에 발견하여 캐번디시가 사용한 실험방법과 비슷하게 실험 장비를 꾸려 쿨롱의 힘 법칙을 확인했던 것이다.

○ 쿨롱의 힘 법칙과 가우스(GAUSS) 법칙

$$\vec{F} = \frac{1}{4\pi\epsilon_0} \frac{q_1 q_2}{r^2} \hat{r}$$

쿨롱의 힘 법칙은 정전기 현상을 다루는 데 매우 중요한 의미를 갖는다. 이것은 고전역학과 비교하자면, 뉴턴의 힘 법칙을 정확하게 알면 여러 역학 현상을 보다 쉽고 간결하게 다룰 수 있는 것과 같다. 모든 면에 있어서 뉴턴의 역학과 놀라울 정도로 비슷한 면이 많은데 뉴턴 역학과 정전기학을 조금만 관심 갖고 살펴보면 이해할 수 있을 것이다. 여기서는 다루지 않겠지만 에너지 개념이 대표적이다. 뉴턴의 역학에서도 일부 문제를 다루는 데 있어 힘 법칙 대신에 에너지 개념을 이용하면 간단하면서도 멋지게 해결할 수 있듯이 정전기 현상을 다루는 데도 마찬가지다. 물론 힘 법칙을 사용해 얻은 결과나 에너지 개념을 이용해 얻은 결과는 같다. 에너지란 개념은 힘과 독립적인 개념이 아니라 힘의 개념으로부터 파생된 어떤 현상을 설명하는 데 아주 유용한 개념일 뿐이다. 그러면 이 쿨롱의 힘 법칙과 맥스웰의 전기장과의 관계를 알아보자.

전기장은 시험 전하가 받는 힘의 극한으로 정의하기도 한다. 다시 말해서

$$\vec{E} = \lim_{\Delta q \to 0} \frac{\vec{E}}{q}$$

로 표현하기도 하는 것이다. 이 식은 사실 엄밀하게 말한다면 올바르다고 말할 수 없지만, 전기장의 개념을 설명하는 데 적절하다고 말할 수 있을 것이다. 이 식에서 알 수 있듯이 전기장은 임의의 공간에서 시험 전하(test charge)가 단위 전하(unit charge)마다 받는 힘의 크기와 방향에 관한 정보를 제공한다. 우리는 여기서 맥스웰의 도깨비 방정식 가운데 세 번째식을 음미하기 위해 가우스 법칙에 대해서 알아볼 필요가 있다. 가우스 법칙은 쿨롱 법칙의 또 다른 표현이라고 생각할 수 있으며, 전자기 이론을 제공하는 데 아주 유용하게 쓰인다. 결론적으로 쿨롱의 힘 법칙과 가우스 법칙과의 차이점을 미리 밝혀 본다면 쿨롱의 힘 법칙에서는 주어진 전하로부터 전기장을 알 수 있는 것에 비하여 가우스 법칙에서는 전기장을 알면 그곳의 전하량을 알 수 있다. 이것은 어찌 보면 정반대의 논리로 이 두 법칙 사이에 전혀 연관성이 없는 것으로 생각하기 쉽다. 그러나 근본적으로 가우스 법칙 자체가 전기힘이 거리의 제곱에 반비례한다는 법칙과 중첩의 원리로 인해 유도된 것이기 때문에 정전기힘에 대한 쿨롱 법칙의 또 다른 표현이라고 할 수 있는 것이다.

그러면 과연 가우스 법칙이란 것이 도대체 어떤 것일까? 가우스 법칙을 이야기하기 전에 법칙의 핵심이 되는 전기힘선에 대해서 잠시 살펴보자. 전기힘선은 자기힘선과 마찬가지로 패러데이가 연구했던 것이다. 여기서 전기힘선에 대해 이러니저러니 따지기를 피하고 이것이 어떻게 가우스 법칙과 연관되는가를 알아보기로 하자.

전자기힘선이 나타내는 성질에 대하여 다시 간단하게 이야기해 본다면 양전하가 공간에 놓여 있다면 양전하 중심으로부터 밖으로 뻗어 나가는 방사형 형태의 전기힘선이 작용한다. 음전하일 경우 형태는 동일하지만 작용하는 힘의 선 방향이 전하 중심으로 들어온다는 점에서 양전하와 다르다. 따라서 중간에 음전하와 양전하가 일정 거리에 놓여 있다면 전기힘선은 양전하에서 나와 음전하로 들어간다(잘 상상이 안 되는 독자들은 패러데이 편에 있는 그림을 참고하면 좋을 것이다!).

어쨌든 간에 공간에 전하가 주어지면 전기힘선이 생기고 전기힘선이 주어지면 전기장이 등장한다고 보면 될 것이다. 그러면 전하가 공간에 주어졌을 때 임의의 면적을 통과하는 전기힘선은 얼마나 될까? 이런 경우를 표현하기 위해 선속(선다발)이라는 개념을 사용하게 되었으며, 수식으로 표현하면

$$\Phi = \int \vec{E} \circ d\vec{S}$$

로 나타낸다.

이 식은 전기힘선이 지나가는 임의의 면적 S에 수직한 성분의 전기 힘선의 세기를 나타내는 전기장 세기와의 곱을 의미한다. 결국 전기힘 선속은 그 근원이 전하량이므로 전하량의 세기와 무관하지 않음을 암시하는 것이며, 바로 가우스 법칙이라는 것은 전하량이 전기힘 선속과 비례한다는 것을 수학적으로 표현한 것이다.

$$\int \vec{E} \circ d\vec{S} = \frac{Q}{\epsilon_0}$$

이 식이 어떤 의미가 있을까? 전하량을 살펴보자. 말 그대로 전하량이라는 것은 앞서 밝혔듯이 전하 밀도와 전하 밀도를 감싸는 부피의 곱이다. 그러면 이제 위 식은 조금씩 물리적 의미를 갖게 된다.

$$\int \vec{E} \circ d\vec{S} = \frac{1}{\epsilon_0} \int \rho dV$$

여기에 앞서 살펴본 벡터 정리에서 다이브 정리를 이용하면 맥스웰의 전자기 방정식 미분꼴이 되는 것을 알 수 있다.

$$\triangledown \circ \vec{E} = \frac{\rho}{\epsilon_0}$$

위 식은 여러 가지 물리적인 의미가 있다. 전기장의 샘(Source)이 전하 밀도임을 명확히 해주며, 전하 분포가 주어지면 간단하게 주위의 전기장을 알 수 있음을 말해 주기도 한다. 쉽게 말해서 전하 밀도가 없으면 전기장 역시 없다는 것이며, 전하 분포의 형태에 따라 전기장이 어떤 식으로 주어진다는 것을 알 수 있다는 이야기다. 이 식의 쓰임은 전기장을 구하는 복잡한 계산을 해야 하는 번거로움을 최소화시켜 주며, 전하 분포가 대칭적으로 주어졌을 때 그 위력은 더욱 크다고 할 수 있다. 또한 이 식은 전기힘이 전하 사이의 거리의 제곱에 반비례함을 암시하는데, 어찌 보면 당연한 이야기겠지만 뉴턴이 이 관계식을 알았다면 만유인력 법칙을 증명하는 데 그리 늦지는 않았을 것이다.

전기장의 가우스 법칙과 유사한 식을 자기장에서도 보았을 것이다. 지금부터 간략하게 이야기하고자 하는 것은 자기장에서의 가우스 법칙이다. 눈치 빠른 독자들은 이미 머릿속으로 관계식을 떠올렸을 것이고, 더 나아가 당연한 이야기를 왜 또 하나 하는 독자도 있을 것이다. 사실 이 관계식이 만들어지게 되는 배경은 전기장과 마찬가지이므로 더 이상 언급하지는 않는다. 전기장의 선속값이 0인데 이것은 자기장에서 독립된 자하가 없음을 말해 주는 것이다. 만일에 독립된 자하가 존재하여 자기장의 샘이 이 자하 때문이라면 전기장의 경우와 비슷할 것이다. 그러나 다행인지 불행인지 전기장과 자기장 사이의 유사성은 결정적으로 장의 샘이 독립적이냐 아니냐 문제로 완전하게 구분되는 것이다. 한 가지 더 덧붙인다면 자기장의 샘이 전류이고, 전류는 전하의 이동이므로 전기장과 자기장이 서로 독립된 것 같으면서도 연관성이 있는 것이다. 물론 이 현상은 패러데이의 유도 법칙이 나오게 된 배경이기도 하다(패러데이는 실험으로만 밝혀냈지만!).

○ 패러데이의 전자기 유도 법칙

패러데이가 이 법칙을 발견하게 된 배경과 법칙에 대한 전반적인 이야기는 패러데이 편에서 이야기한 것과 같다. 여기서는 앞에서 다루지 않고 지나간 맥스웰의 도깨비 방정식 도입 과정과 그 의미를 살펴보고자 한다.

패러데이의 실험들은 맥스웰에게는 매우 큰 흥미거리였다. 왜냐하면 맥스웰 자신이 만들어 놓은 개념들은 여러 실험 현상들과 일치해야 하기

때문이다. 〈그림 17〉과 같이 어떤 주어진 단면
적을 통하여 자기힘선이 통과하는 경우를 생각
해보자. 자기힘 선속(다발)은 그 면에 대한 자기
장의 선속 Φ_B을 의미하므로 수학적으로 표현
하면 다음과 같이 간단하게 표현된다.

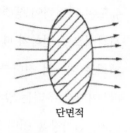

그림 17 | 단면적에 대한 선속

$$\Phi_B = \int \vec{B} \circ d\vec{S}$$

이것을 패러데이 전자기 유도 법칙과 결부시킨다면 패러데이의 유도
법칙이 회로에 생기는 유도 기전력 ε가 회로면을 통과한 자기힘 선속 Φ_B
의 시간적 변화와 같다는 내용이므로

$$\varepsilon = \frac{d\Phi_B}{dt} = -\frac{d}{dt} \int \vec{B} \circ d\vec{S}$$

로 표현할 수 있다.

위 관계식에서 (-)부호는 에너지 보존의 원리를 잘 나타내는 렌츠의 법
칙이다. 1834년, "유도 전류는 그것을 생기게 하는 변화에 반대하는 방향
으로 나타난다"라고 렌츠에 의해서 밝혀진 렌츠의 법칙은 패러데이의 법
칙을 완전무결하게 표현할 수 있게 했다. 다시 말해서 위 관계식에서 (-)부
호가 바로 변화에 반대하는 방향을 의미하므로 좀 더 일반적인 경우에까
지 적용할 수 있었던 것이다.

다시 이 문제를 패러데이 실험과 연관시켜 생각해 보자. 분명 패러데
이의 실험 결과는 도선의 폐회로에 자기장이 상대 운동을 할 때 회로에

유도된 기전력이 생겼다. 이것은 도체의 폐회로를 통과한 자기힘 선속이 시간적으로 변하기 때문에 유도 기전력이 생겨나는 것이고, 이 기전력은 폐회로 내에서 전하를 이동하게 만듦으로써 전류가 흐르게 됨을 의미한다. 여기서 우리는 앞서 생각한 전기장에 대해서 한 가지 사실을 떠올려 보자. 전기장을 어떤 도체에 작용시켜 주면 도체 내에 정지한 전하들이 이동하게 됨으로써 도체 내에 전류가 흐른다고 했다. 그렇다면 이와 반대로 전기장에 의해서가 아닌 다른 원인으로 도체 회로 내에 전류가 흐른다면 과연 전류 주변에 전기장이 형성되지는 않을까?

우리는 이 문제에 대하여 "그렇다"라고 자신 있게 말할 수 있다. 왜냐하면 전기장에 의해서 도체 내에 전하가 움직이기도 하지만 반대로 전하의 운동에 의해서도 전기장이 생겨나기 때문이다. 그러면 이 문제는 자기장의 시간적 변화가 그 주위 공간에 전기장을 유도한다고 결론 내릴 수 있게 된다. 여러분이 이것을 이해했다면 이 운동하는 전하에 의해서 생기는 유도된 전기장과 정전하에 의해서 생기는 전기장과 과연 같을까? 하는 의문이 들게 될 것이다. 이것은 전기장의 생성 원인이 전하이기 때문에 같다. 그리하여 우리는 패러데이 법칙을 좀 더 간결하게 "시간적으로 변하는 자기장이 전기장을 만든다"라고 표현할 수 있다. 또한 기전력은 폐회로 내 단위 전하가 전기힘을 받아서 하는 일로 생각할 수 있으므로—엄밀하게는 도체 속에 전위차를 주어서 전하를 이동시켜 전류를 흐르게 하는 힘—다음 식으로 표현할 수 있다.

$$\epsilon = \oint \vec{E} \circ d\vec{l}$$

그러므로 패러데이 법칙은 전기장과 자기장을 이용하여 관계식으로 표현하면 다음과 같다.

$$\oint \vec{E} \circ d\vec{l} = -\frac{d}{dt} \int \vec{B} \circ d\vec{S}$$

$$\nabla \times \vec{E} = -\frac{\partial \vec{B}}{\partial t}$$

위 식에서 첫 번째 관계식은 적분꼴 형태로 나타낸 것이며, 두 번째 아래 관계식은 미분꼴 형태로 나타낸 것이다. 또한 전하의 운동(또는 전자의 운동)이 전기장을 유도하기도 하지만 유도된 전기장에 의해서 전자가 가속되는 원리를 이용하여 1941년 커스트(D. Kerst)는 전자 가속장치 베타트론(Betatron)을 발명하게 되었다.

○ 앙페르 법칙

전기장과 자기장. 이 말 자체가 어딘가 모르게 어떤 유사성이 있을 것이라는 막연한 추측도 해보지만 전기장과 자기장을 계산하는 관계식을 보면 놀라울 정도로 비슷하다. 정전기장에 대한 쿨롱의 법칙에 대응하여 정자기장에 대해서는 비오—사바르(Biot-Savart) 법칙이 그러하다. 전기장에 복잡한 전하 분포의 경우 쿨롱의 법칙을 사용하는 것보다 여러모로 동등한 내용을 가지면서도 편리한 가우스 법칙이 있듯이, 마찬가지로 경우에 따라 매우 복잡한 계산을 지루하게 해야 하는 비오—사바르 법칙과 동등한 내용을 갖고 있는, 여기서 하고자 하는 앙페르 법칙이 있다. 이것은 전기장의 가우스 법칙에 해당한다고 보면 될 것이다. 전자기 발달사에서 간략하게 다룬 것처럼 전류가 흐르는 도선 주위에 생기는 자기장은 비오—사바르 법칙을 사용하여 구할 수 있다. 그러나 전류가 흐르는 도선 형태가 복잡하게 놓여져 있다면, 이 법칙을 이용하여 자기장에 대한 정보를 얻는다는 것은 매우 골치 아픈 문제가 될 수 있다. 왜냐하면 복잡하고 지루한 적분을 끊임없이 해야 될지도 모르기 때문이다.

앙페르 법칙에 관해서는 이미 앙페르 편에서 이야기한 것과 같다. 여기서는 맥스웰에 의해서 수정된 앙페르 법칙을 이야기하고자 한다. 앙페르 법칙은 많은 경우에서 매우 만족스럽게 원하는 정보를 얻을 수 있다. 그러나 축전기 등이 포함된 특수한 경우에서는 이 법칙은 수정이 되어야 하는데 맥스웰이 묘하게도 현재의 개념과는 다르지만 독특한 방법으로 만족시키는 방정식을 만들었다. 물론 기본 틀은 앙페르 법칙 그대로이다. 수정된 앙페르 법칙(흔히 맥스웰—앙페르 법칙)은 축전기의 경우 직접 유도할 수 있으나 여기서는 전자기장의 대칭성을 고려하여 개념적인 문제로 해결하고자 했다.

맥스웰 이전의 앙페르 법칙은 당시에 축전기 등을 포함한 획기적인 전자기 응용 시대가 아니었으므로 전자기 형성의 가장 대표적인 실험 도구는 단순한 금속 도체였다. 도체의 경우 단순하게 앙페르 법칙을 사용하는 데 전혀 문제가 없었으므로 완전한 하나의 물리 법칙으로 자리를 잡았던 것이다. 맥스웰이 수정하기 전 앙페르 법칙을 표현한 방정식을 가지고 이 문제를 생각해 보자.

$$\nabla \times \vec{B} = \mu_0 \vec{J}$$

그러나 이 식은 자기장의 근원이 전류라는 것을 말해 줄 뿐 전기장과 직접적인 연관성은 없는 것처럼 보인다. 여기서 패러데이의 전자기 유도 법칙 결과인 또 하나의 방정식을 보자.

$$\nabla \times \vec{E} = -\frac{\partial \vec{B}}{\partial t}$$

이 방정식을 보면 전기장과 자기장이 서로 밀접하게 연관되어 있는데 앙페르 법칙도 이와 유사하게 표현되지는 않을까? 만일 유사하게 표현된다면 추가되는 전기장의 의미는 어떤 것일까?

실제로 앙페르 법칙에다 패러데이의 전자기 유도법칙의 유사성을 생각하여 새로운 전기장 항을 추가해 보자.

$$\nabla \times \vec{B} = \mu_0 \vec{J} + [\epsilon_0 \mu_0 \frac{\partial \vec{E}}{\partial t}]$$

이 추가한 식이 과연 옳은가 알아보자. 양쪽 항에 다이버전스를 취해 보면 오른쪽 항은 $\nabla \circ (\mu_0 \vec{J} + [\epsilon_0 \mu_0 \frac{\partial \vec{E}}{\partial t}])$이 되고, 왼쪽 항은 0이다. 또한 오른쪽 두 번째 항에서 시간 미분과 공간 미분은 서로 독립적이므로 자리 바꿈해 주고 가우스 법칙을 적용해 주면 결과적으로

$$\nabla \circ [\epsilon_0 \mu_0 \frac{\partial \vec{E}}{\partial t}] = \epsilon_0 \mu_0 \frac{\partial}{\partial t} (\nabla \circ \vec{E}) = \mu_0 \frac{\partial \rho}{\partial t}$$

이다.

또한 전류와 전하의 관계에서 전하는 줄지도 늘지도 않음으로 전하 밀도 ρ와 전류 밀도 J 사이에는 "연속 방정식"이 성립한다. 다시 말해서

$$\nabla \circ \vec{J} = -\frac{\partial \rho}{\partial t}$$

라는 조건이 성립한다. 따라서 맥스웰—앙페르 법칙에서 다이버전스를 취했을 때 왼쪽 항은 0이었고 오른쪽 항은

$$\mu_0 (\nabla \circ \vec{J} + \frac{\partial \rho}{\partial t})$$

가 되어 0임을 알 수 있다. 이제 이 식을 사용하는 데 아무런 문제점이 없음을 알았을 것이다. 그러면 새롭게 추가된 항이 의미하는 것은 무엇일까? 이 새로운 항을 맥스웰 자신은 변위 전류라고 불렀다. 말 그대로 자기장의 또 다른 생성 원인이 되는 전류로서 존재하며 장의 변화에 따라 생기므로 변위 전류라고 한 것이다. 그러나 엄밀하게 말한다면 전기장의 시간 변화율이 전류가 아니라 전류 밀도이므로 변위 전류 밀도라고 해야 할 것이다.

결과적으로 전도 전류가 시간에 따라 변할 때 "연속 방정식"에 일치하는 전류와 자기장 사이의 관계를 만들기 위해 도입한 것이며, 이 항은 전기장 변화가 자기장을 일으키는 새로운 유도 효과를 의미한다. 그러나 변화가 느린 거의 꾸준한 장에서는 이 효과가 매우 적다.

참고 문헌

- Reits, J. R. and Milford, F. J. *Foundation of Electromagnetic Theory*
- Wangsness, R. K. *Electromagnetic Fields 2/e* John Wiley & sons, New York, 1979
- 한양대학교 물리교재 연구실 편저, 『대학물리학』, 한양대학교 출판부, 1993
- Chung, M.S. *The Origins and Heuristic Value of James Clerk Maxwell's Vortex Model of Electromagnetic Ether*, JKGSS, Vol. 11, No.I, 1989
- Glazebrook, R. T. *James Clerk Maxwell and Modern Physic* New York, 1896
- Kim, D. W. *The Cavendish Laboratory under James Clerk Maxwell*, JKHSS, Vol.12, No.I 1990
- 정명식, 「De magnete에 나타난 William Gilbert의 자기철학의 구조와 성격」, 한국과학사학회지, 제8권, 제1호, 1986
- 홍성욱, 「M. Faraday에 있어서 자기력선 개념의 형성과정에 대한 고찰」, 한국과학사학회지, 제7권, 제1호, 1985
- Faraday, M. *Experimental Researches in Electricity*
- 김영덕 역, 『전자기학』, 희중당, 1986
- Gillispie, C.C., ed., *Pictionary of Scientific Biography* New York: Scribners, 1970—1978
- Kranzberg, M. *The Unity of Science-TechnoLogy* American Scientist, 66, 1, 1967
- Amberson, W.R. *The Influence of Fashion in the Development of Knowledge Concerning Electricity and Magnetism* American Scintist, 57, 1, 1969
- Whitlaker, E. T. *A History of theories of the Ether and Electricity.*, London, 1951
- Crombie, A.C. ed., *Scientific Change*, New York, Basic Books, 1963
- Mason, S.F. *A History of the Sciences*, New York, Collier Books, 1962
- Encyclopáedia Britannica, Inc. set Volume series, U.S.A, 1963
- Great Books of the Western World, Vol. series, U.S.A, 1966
- 구학서 편저, 『이야기 세계사』, 청아, 1987
- 차하순, 『서양사 총론』, 탐구당, 1976

이 책은 주위 분들의 많은 격려와 관심으로 탄생했습니다. 좀 더 유익하고 재미나게 쓰고자 했던 마음과는 달리 글로 옮기는 작업이 쉽지 않음을 알게 되었습니다. 구하고자 하는 자료들을 쉽게 접할 수 없었던 것도 큰 아쉬움으로 남아 있습니다. 그나마 구한 자료들을 정리하여 입력하고 일부는 머리를 맞대고 번역하여 재구성하는 데 도움을 준 분들을 잊을 수가 없습니다. 이분들 모두 하는 일에 행운이 있기를 바랍니다. 특히 처음부터 끝까지 지극한 관심을 갖고 도움을 준 김혜경 선생님과 인물 초상을 그려준 양정고등학교의 이용진 군, 바쁜 가운데 내용 그림을 그려준 김희윤 선생님, 자료 정리에 많은 도움을 준 장웅상 선생님에게 이 지면을 빌어 고마움을 전합니다.

또한 우리나라의 과학 기술 교양 도서 보급에 온 정열을 쏟으시며, 이 책이 나오기까지 아낌없는 지원을 하신 전파과학사의 손영일 사장님께 감사드립니다. 이러한 뜨거운 가슴으로 정열을 쏟으시는 분들이 있는 한 우리의 미래는 밝을 것입니다.